了凡家风

中国传统中的家道

吴知 著

世界知识出版社

图书在版编目（CIP）数据

了凡家风 / 吴知著. -- 北京 : 世界知识出版社，2022.5

ISBN 978-7-5012-6488-9

Ⅰ. ①了… Ⅱ. ①吴… Ⅲ. ①家庭道德－中国－通俗读物 Ⅳ. ①B823.1-49

中国版本图书馆 CIP 数据核字（2021）第 264769 号

了凡家风

Liaofan Jiafeng

作　　者　吴　知

责任编辑　薛　乾　　　特邀编辑　杨娟　李倩　张汇元

责任出版　王勇刚

装帧设计　周周设计局　　　内文制作　宁春江

出版发行　世界知识出版社

地　　址　北京市东城区干面胡同 51 号（100010）

网　　址　www.ao1934.org www.ishizhi.cn

联系电话　010-65265919

经　　销　新华书店

印　　刷　天津久佳雅创印刷有限公司

开本印张　880×1230 毫米　1/32　5.75 印张

字　　数　106 千字

版次印次　2022 年 6 月第一版　2022 年 6 月第一次印刷

标准书号　ISBN 978-7-5012-6488-9

定　　价　26.00 元

前言

《了凡四训》讲述了明朝的袁了凡（原名袁黄，字学海）顺乎命运和改变命运的故事，蕴含很多生命的真相和改造命运的方法。从明朝到现在，四百多年来，经久不衰，被誉为“中国历史上的第一善书”。

2016年9月，中纪委监察部网站在“中国传统中的家规”栏目中推出了《了凡四训》专题，中央电视台12频道播放了《了凡家风》节目，对此在书古今中外的影响进行了介绍。

《了凡四训》书问世以来，很多人从中受益。2019年7月，吴知老师针对当今社会现象，对《了凡四训》进行了讲解，希望其通过另外一种方式为大众所知，让更多人由此了解中华文化，得到真实利益。

吴知老师对《了凡四训》的讲解，已经直接或间接地让许多受众获益：对世事抱怨不已的人，学会了反观自省；对中华优秀传统文化一窍不通的大学理科老师，因此发出弘扬优秀传统文化的愿心，后来还为大学生开设传统文化选修课；人生目标不清晰的大学生，由此找到了人生的方向……

本书内容系吴知老师个人对传统文化和教育的理解，不足之处，希望有识之士批评指正。

让我们学习优秀传统文化的过程达到更圆满的效果。

音频入口

扫码收听歌曲

扫码跟吴知老师读原文

目 录

第四篇　谦德之效…………129

第一篇　立命之学

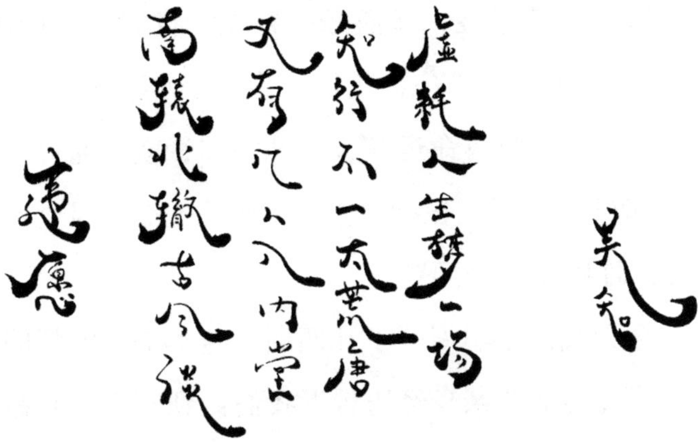

《立命之学》原文　　歌曲《立命之学》

（一）造命在天

我们今天讲一个非常重要的课题：如何认识命运？如何改变命运？

这是与我们每个人的切身利益都有关的课题。

我想问在场所有人两个问题：

一、你们有没有看过相、算过命的？（答：有。）

二、你们相信命运吗？（答：半信半疑。）

既然半信半疑，又何必去看呢？我们其实挺纠结的，你说不信嘛，还是有点儿信；你说信嘛，看完还是会怀疑。那究竟有没有命运？《了凡四训》就是通过“立命之学”“改过之法”“积善之方”“谦德之效”四个层面，系统深入地解答这个问题。

今天我们来学习《了凡四训》这本书。明朝的一位学者袁了凡用他的亲身经历告诉我们：到底有没有命运？在命运面前我们究竟能做些什么？

《了凡四训》原来叫《训子文》，是袁了凡先生专门为儿子写的家训。后来这本书得到社会认可，改名为《了凡四训》并广泛流传。

清朝的曾国藩先生非常推崇这本书，将其列为子孙必读之书。曾国藩在日记中写道:“自今日起改号涤生。涤者，取涤其旧染之污也；生者，取明袁了凡之言‘从前种种，譬如昨日死；从后种种，譬如今日生’也。”可见他受本书影响之深。

曾国藩也有家书传世，现在很多书店也找得到，叫《曾国藩家书》。曾国藩先生三十年间写了近一千五百封家书，汇集起来就成了《曾国藩家书》。这部家书涉及的内容非常广泛，包括修身养性、为人处世、持家教子、治军从政等内容，写作对象包括祖辈、父辈、兄弟、儿孙及朋友，非常有价值。

近代学者胡适也非常推崇《了凡四训》这本书，把它看作“研究中国中古思想史的一部重要代表作”。

日本著名汉学家、阳明学大师安冈正笃称这本书为“人生能动的伟大学问”；日本两家世界五百强企业缔造者、“日本经营四圣”之一的稻盛和夫，也对这本书赞誉有加，将其作为人生指导之书。

造命在天的含义

我们先看一下“了凡四训”四个字的意义。

“了”是了知、了却。

“凡”是平凡。

“四”是四篇。

"训"是自训和他训。自训是自己得到的利益和人生经验；他训是把这个经历和利益告诉他人，让他人也得到利益。

"了凡四训"连起来怎么解释呢？

第一，了解、了知我们平凡人的命运真相，然后作为自训。

第二，了却我们平凡的人生，改变命运，造就不平凡的人生、不平凡的未来。这个可以作为自训，也可以作为他训。什么意思？通过改变命运，把自己平凡的人生变得不平凡，同时也可以教导他人，把他人平凡的人生变得不平凡。

《了凡四训》分为四个内容，所以称为"四训"，我们分别来探讨。我们不会完全按照原文讲，那样会很长。我们会提取一些比较实用的内容来学习，会对这本书进行一个简单概括和理念的提炼，格物致知，古为今用。

第一个内容是了知平凡人的命运，所以第一训叫"立命之学"。"立命之学"分两部分：一是"造命在天"，二是"立命在人"。

"造命在天"是什么意思？很多人去算命测字，根据八字所算的命运到底有没有呢？为什么有些人非常努力，结果却不是很理想？有些人呢，悠悠荡荡却吃穿不愁。有些人一出生就含着金钥匙；有些人呢，一出生就很贫苦。

这些都是为什么？“造命在天”就可以解释这些现象，让我们了知人的命运是有所不同的。

“造命在天”，以前我们总是依文解义，认为命运是老天决定的，所以很多人天天烧香拜天。这是错误的。

“造”是造作、产生。

“命”是生命中该受用的各项人生指标。

“在”是取决于。

“天”是自己身之所作、口之所言、意之所思。

我们经常会说老天，为什么叫老天？因为这个事情过去很久了，所以叫“老”天。

“造命在天”，这四个字连起来怎么讲呢？每个人一生的命运，也就是从出生到死亡，这个过程中生命的运行轨迹，取决于自己身之所作、口之所言、意之所思。我们以前总把命运当成不可触摸的境界，这就错了。

打个比方就很好理解，我们每学期的考试结果取决于什么？取决于在考试之前我们是怎么做的，在学习过程中我们是怎么行持的。学习是努力还是懒惰，是认真还是马虎，这些决定了考试成绩是高还是低。如果我们忽视了学习过程，仅仅把考试结果归结于“命”，这是不公平的。考试结果这个“命”跟我们平时的学习有非常大的关系。

所以“造命在天”，不要认为这个“命”跟我们无关，其实还是我们自己造下的，只是我们忘掉了过去所造作的三个内容：身之所作、口之所言、意之所思。

这个问题如果明白了，我们就得到一个大法宝。什么法宝？如果我们的命运不好，都是自己的所言所行所思决定的，不能怨天尤人。

有些人命不好就怪父母，怪父母不会挣钱，怪自己不会投胎，其实很无聊。就像高考，高考完你在哪个大学读书，决定权在谁？不是取决于录取的学校，也不是取决于老师，而是取决于你平时的努力、你的考试成绩和你所填报的志愿。这就是命运。

明白了“造命在天”的真相，我们这辈子就少了很多不必要的怨仇。安于内心而不去外求，就不会制造新的矛盾。这是非常重要的课题。如果明白了“造命在天”的课题，当下这一刻我们的人生就会发生改变。

很多人可能还有怨气，认为自己今天不开心是因为某某人造成的，甚至长相不如意、不够聪明智慧、性格不好，都有可能怪到别人头上。

在我们老家，甚至有的人会说：“我身体不好，是因为我妈妈怀我的时候吃错了东西，没有保好胎。”其实怨不得别人，因为健康也是命运的一部分。

这是“造命在天”的含义。

命运是实实在在的

关于有无命运，人们有很多态度。常见的有两种：一、宿命论；二、无命论。

宿命论，认为命运是上天安排的，自己是无法改变的。无命论，认为命运是没有的，一切都掌握在自己手中。

这两种态度，会出现什么问题呢？第一种会很消极，反正命运都是天注定的，自己无法做主。所以不会去争取，不会去努力。第二种会蛮干，碰到问题会很冲动。因为不相信命运、不相信有因就有果，一生任意地造作，这是非常可怕的。这两种都是极端，都不是正确的观念。

所谓正确的观念，就是客观地认知命之实有、命之来历，乃至命之改变的真相。也就是说，认为命运是实实在在存在的，也知道命运是怎么来的，还知道命运怎么改变。

《了凡四训》这本书，就是了凡先生通过他的人生经历证明：命运是实实在在存在的，并且可以改变。

我们先对“命运”做个总结：

千姿百态非天为，因缘不同果相随。

一切造作皆自为，自食其果不怨谁。

“千姿百态非天为”，人活得不一样，长得不一样，生命走向不一样，不是老天的安排，所以烧香拜天有没有用？如果想靠老天给我们好的命运，答案是：不可能。

但是要不要拜天呢？要！为什么？拜天就是请天作证：“我不做坏事，我要行善，请老天证明。”把老天当作监考官、监督官，这是可以的。

“因缘不同果相随”，所有的果相都是因缘和合而成。因缘是怎么来的？自己造作而来的。

什么是因果规律？比如：因为你上班了，所以你有工资拿；因为你是人，所以你要行人道、做人事。因果规律其实就是“因为……所以……”没有上班就没有工资，没工资是为什么呢？因为你没上班。

“一切造作皆自为”，所有一切都是自己的行持造成的，不要去怪别人。很多人发脾气也怪别人：“是你让我生气的。”甚至摔了一跤都怪地板，是不是这样？

记住，“一切造作皆自为”跟儒家讲的“行有不得，反求诸己”是一个意思：自食其果，不要怨任何人。要怨就怨谁？怨自己。

慈云寺偶遇孔先生

为了证明命运是实实在在的，我们来看一看袁了凡的故事。袁了凡的故事很长，我们概括如下：

了凡童年丧父亲，独母孤儿乏资金。

慈母授命从医业，济人成名了父愿。

慈云寺内遇孔氏，相面进学从于仕。

母试孔氏数无虚，弃医从学入学区。

袁了凡很小的时候，父亲就不在了，他与母亲相依为命，那时候他还在读书，而且成绩相当不错。母亲体弱，靠织布维持家庭，又要给儿子交学费。以前的学费虽然是自己决定给多少，但是母亲很善良，交的学费肯定也不会低。到后来，母亲无法承担学费，就跟他商量："能不能不要读了？"干什么呢？学医。因为学医既可以助人，又可以养家，也是他父亲的心愿。

在古代，医生到底有什么样的地位？我们通过范仲淹的故事就可以知道。范仲淹小时候和一帮孩子去算命，其他人都问："我能不能考上功名啊？"范仲淹却直接问："你看我能不能当宰相？"算命先生一听，这孩子口气真不小，没有吭声。

范仲淹一看，以为自己德行不够，就马上问了第二个问题："那你看我能不能做医生？"算命先生觉得很奇怪，怎么志向一下子从宰相变医生了？就问他："你为什么这样问呢？"

范仲淹说："如果我做宰相，可以辅佐圣君利益大众。如果宰相当不了，我想当医生，因为医生可以帮助很多人解除病苦。"算命先生说："有此存心，乃真宰相也。"后来范仲淹果然当了宰相，建功立业。

范仲淹去算命的时候就选择了两个行业，一个是宰相，一个是医生。所以，在古代，如果从行善、济世的角度来说，医生确实是非常好的行业。

当然，很多人觉得教书也是很好的行业，但是在那个时候，有资格教书的人数很有限，而且教的一般都是有钱人，所以服务的范围很小。

当母亲问能不能去学医时，袁黄也非常听话，就放弃了学业。他才十来岁就开始了学医之路，天天上山采集药材。

十五岁那年，有一次上山采药，路过慈云寺时，遇到了孔先生，一位测字算命的先生，从此改变了命运。

孔先生本来是和他擦肩而过，但又回过头来，告诉他："你是读书人的命，怎么不去读书呢？"袁黄如实告诉孔先生，说："学医是父亲的遗愿，母亲也希望我弃学举业学医。"

我在看《了凡四训》电影的时候，注意到一个细节：上山采药时只要一有空，袁黄就拿出书来看，晚上也是有空就抄书，是一个非常好学的人。有一天晚上又抄到很晚，母亲跟他讲："你赶紧去睡觉吧。"他说："不行，我答应三天后还给人家的。"

所以，袁黄遇到孔先生，首先源于他好学，慢慢身上就有了读书人的气质。

其次是他非常有恭敬心。他背着药筐，孔先生从山上下来，他做了一个很微细的动作：站在路边，用手势告诉孔先生，“请您先行”。本来孔先生已经走过去了，就是因为袁黄很恭敬地礼让，这个动作让孔先生觉得这个小孩子很有礼貌，所以不由自主地回头多看了他几眼，微笑地点赞，同时忍不住免费给他算了一卦。

这就是：

恭敬礼让，孔氏多看；

微笑点赞，告知现状。

从中我们要学到什么呢?

第一，学习袁黄的好学精神，知书达礼；第二，对所有人，特别是对一些年龄比较大的人，要有恭敬心。为什么孔先生给他看相？就源自他对孔先生的恭敬礼让。这是一开篇我们要知道的。

邵子皇极术的厉害

之后，袁黄很热情地把孔先生带回家，并向母亲做了禀告。母亲首先试验了一下孔先生算命的本事，发现过去的事情孔先生算得一点儿都不差，非常灵验。这样，袁黄听从孔先生的建议，萌发了读书考功名的念头。

相比之下，我们现在的人差得太远了。有些人肯定是自己做主，然后回去闹："妈妈，我要读书！"袁黄不是。他亲自引孔先生回家，然后由孔先生去告知母亲。母亲非常爱儿子，这么乖的儿子谁不爱啊？但是母亲很为难啊。母亲就请孔先生为儿子起数（算命）。

"孔为余起数，县考童生当十四名；府考七十一名；提学考第九名。明年赴考，三处名数皆合。"孔先生说："你去读书，马上就可以考中秀才。"就因为这样，母亲同意儿子去读书。请表兄帮忙，袁黄去读了私塾。

我们稍微了解一下明清两代的科举制度。

第一级：童生试。包括县试、府试和院试三个阶段，院试合格后取得生员（秀才）资格。应试者不分年龄大小，都称"童生"。

第二级：乡试。每三年在各省省城（包括京城）举行的考试，因在秋八月举行，故又称"秋闱"。主考官由皇帝委派。考后发布正副榜，正榜所取的叫"举人"，第一名叫"解（jiè）元"，第二名至第十名称"亚元"。

第三级：会试。每三年在京城举行的考试，因在春季举行，故又称"春闱"。考试由礼部主持，各省的举人及国子监监生皆可应考。录取三百名"贡士"，第一名叫"会元"。

第四级：殿试。殿试是皇帝亲自主持的考试，考策问。参加殿试的是贡士，考中后统称为进士。殿试分三甲录取，第一甲赐“进士及第”，第二甲赐“进士出身”，第三甲赐“同进士出身”。第一甲录取三名，第一名俗称“状元”，第二名俗称“榜眼”，第三名俗称“探花”。

这些我们了解一下，童生是还没有到秀才的阶段。

电影里面，母亲还请了隔壁邻居来让孔氏算，都算得很准。其中一个人没有后代，都被孔先生算到了。母亲说：“既然孔先生算得那么准，就请他算一算终身休咎吧。”就是我们说的排流年，把这辈子的命运全部算出来。

孔先生就给他写了：某年考第几名，某年出贡，贡后某年当选四川一大尹，就是知县，在任三年半最好回家。为什么？五十三岁八月十四日丑时，寿数到了。因为前面孔先生算得很准，所以袁黄没有任何怀疑，把整个流年通通记下来了。

袁黄听从孔先生建议，去读书考试，后来所有的名次都与孔先生算的相符，一点儿都没有差别。

但是有一次，出现了小的波折。根据孔先生推算的，在补了廪生（这是秀才的一个等级，廪生是吃国家俸禄的）以后，领满九十一石五斗米的俸禄（俸禄用米来折合计算），就应该出贡，被提升为贡生。结果吃了七十几石，突然屠宗师准备批准他成为贡生。这跟孔先生算的不一样，相当于提前补贡。

所以袁黄就有疑惑了：“怎么提前了？”后来这个建

议果然被一位提学杨先生给驳倒了，不准补贡。

一直到丁卯年，殷秋溟先生看到袁黄的五篇文章，觉得写得非常好。他说：“这五篇文章就像是写给皇上的奏议，写得太好了，怎么竟然没有补贡？怎么能让这样一个学问深厚的人埋没于窗下？”就把袁黄提升为贡生。

袁黄一算，前面所吃的米粮果然是九十一石五斗，跟孔先生算得一模一样，一毫不差。所以彻底服了。

孔先生还给他算了：命中无子；没有中进士的命，连举人的命都没有，只有秀才的命；寿命只能到五十三岁。

大家听懂了吗？很多人老是说，我退休以后再来学这个、做那个，你来得及吗？这是我们要考虑的。

所以我们看：

邵子皇极真厉害，名时无差真实在。

进退有命无可奈，该来该去作静待。

孔先生算命是根据邵康节《皇极经世书》来算的。邵康节是谁呢？他是北宋有名的理学家，名雍，字尧夫，谥康节。我们知道伏羲创八卦，后来周文王推演了八八六十四卦。从袁黄的经历来看，邵子皇极术是非常准的。

《皇极经世书》确实可以把命算出来，前提是每个人都有相对固定的命。如果没有，怎么可以算得那么准呢？所以，每个人都有相应的命数。知道了这个，我们就知道自己的精力要怎么花，要花在哪里，不会有太多的妄想。

但是，孔先生给袁黄算命一事，存在弊端。什么弊端？重天轻人。就是重过去，轻现在，只能算到命运的走向，没有告诉你命运如何改变。

如果孔先生知道改变命运的方法，他把袁黄的命算好，应该问他三个问题："你想长寿吗？你想有孩子吗？你想考功名吗？"可是他没有问，就直接告诉他：你的命就是这个样子。

袁黄的命被算出来，又一再被验证，慢慢地心如死灰，后来也不想了，反正命运逃也逃不了。即使后面升为贡生（秀才的最高等级），去北京国子监（中国古代最高学府和教育管理机构）学习，也不好好读书，觉得反正读了也是这个样子。

栖霞山拜访云谷禅师

老师看他这样就很讨厌他，因为他像个傻瓜一样。明朝有两个国子监，一个在北京，一个在南京。因为他是南方人，老师就让他去读南京的国子监。

在这个过程中，他有了一番传奇的经历，真正改变了他的命运：

栖霞山室作枯木，云谷疑情来点悟。

阴阳所缚平常人，善恶二极数不能。

富贵男女长寿愿，佛经实语告真见。

求之有道得自命，感无不通命自定。

他从北京回南京的途中，去了栖霞山，拜访了云谷禅师。云谷禅师是一位非常了不起的大德高僧，每次有人向他求教，一开始他都不讲话的，丢一个蒲团让对方打坐。

袁黄很不错，跟云谷禅师整整对坐了三天三夜，没打一个妄想。云谷禅师一看："高人！好久都没碰到水平这么高的人了。"云谷禅师有真功夫，他一测就发现："这个人一点儿念头都没有，不得了，修到了无念。"然后就问他："你是怎么达到这种程度的啊？"袁黄告诉他："因为我的命运被算定了，想也没有用，所以我没什么好想的，就没念头。"云谷禅师哈哈一笑："原来是凡夫一个！"

从这里我们看出几个要义：一、袁黄读书涉猎很广，读过各种儒释道经典。我们知道他曾自号"学海"，如果没有读过佛家经典，他就不会去拜见一个佛教僧人；二、袁黄很有善根，没有善根他不可能听从僧人的安排，心里或许会想："你叫我坐就坐啊？还不如回家睡觉呢。你坐在这里又不吭声。"

我们想象一下，如果一个老和尚丢一个蒲团给我们坐，一直不出声，我们是不是会回家？心里可能想："老和尚不理我，肯定跟我无缘，我也得不到什么，还是回去吧！"可是袁黄很听话，坐就坐，一坐就坐了三天三夜，没有念头！没有念头，肯定也没有嗔念。这是我们要学习的地方。

改命的方法：无念，无嗔

云谷禅师给他指点：我们所有人都有念，不可能无心无念，正是因为有心有念，所以被阴阳所缚。很多人被命运所缚，动弹不了。但是有两种人可以改变命运：一、极善之人；二、极恶之人。这两种人阴阳束缚不了。

云谷禅师是出家人，他是以经典上的内容作印证的。经典告诉我们："求之有道得自命，感无不通命自定。"这非常要紧。这告诉我们，世间人求名、求财，可不可以求得到？可以。我们可以通过各种方式、各种渠道得到名和财，但是所得到的，通通是自己命中本有的。一些人不择手段，乃至愿意以大换小，去实现愿望，可最终真相是：他追求到的都是命中本来就有的。现在有些人坑蒙拐骗，认为挣到了钱，但其实，命中本来有的，自然能得到，而且留得住；命中没有的，不择手段得到了，也很快就会败散。

这是所有人都要去体会的。我们追求欲望，可是得到了又是什么状态？比如很多人追求名，可是得到名之后呢？被名所累，天天被人纠缠。有钱了呢？也被钱所累，天天愁。为什么？投资、合伙，经常搞得不愉快。甚至有些人有钱之后身体变得很不好，天天吃药，最后根本没有享受到，钱通通给别人花了。这说明，这个钱不是他命中本有的，所以会流失。

比如说你有一个水池，水池里是你的水，水就不会流出来。但如果水不是你的，或者你的水池没有那么大，你还一直往里放水，水就会流出来，流得到处都是，就相当于到处需要花钱，这其实是划不来的。

所以“求之有道得自命”，虽然你求的方法多，但是得到的都是你命中有的。“感无不通命自定”，如果真的是真诚感召、感应，我们的命是可以自己做主的。

这里我们讲两个故事：

第一个是“精诚所至，金石为开”。大家知道这个典故是讲谁吗？西汉李广。有一次去打猎，大概是傍晚，他看到有一只很大的老虎坐在那里，他很紧张，全神贯注地用箭射过去。“啪”，射中了，因为他本来就是射箭名将。他想：“射中了，老虎跑不掉了。”天色很晚了，他就离去了。

第二天他叫人去把老虎抬回来，结果手下的人回来报告说：“没有老虎，射中的是一块石头。”李广不相信，亲自前去，看到整支箭都没在了石头中。石头那么坚硬，他自己都感到很怀疑：“我有这么大的力气吗？”然后他又反复地射箭，结果每次不是箭断了，就是射中石头溅起火花，没有一支射进去的。

这告诉我们一个真相：前一天李广以为那是老虎，很专注地、心无旁骛地去射，所以整支箭射入石头。第二天知道射的不是老虎了，已经没有前一晚的专注了，所以就射不进去了。俗话说，“精诚所至，金石为开”，就是同样的道理。

第二个故事是“孝感动天”，讲的是舜帝的故事。这是一个神话故事。

舜帝是“三皇五帝”的五帝之一。他的命很苦，小时候就死了母亲，父亲找了个后母。后母总想害他。后母生了个儿子叫象，跟舜也没有兄弟缘，也一直想害他。

有一次后母跟舜说：“你上山摘果子，你弟弟要吃。”她是什么目的呢？想看看他上山能不能被老虎吃掉。舜上山摘果子，很久都没有回来，父亲就去找他，结果被路边的毒蛇所伤，眼睛瞎了。父亲一直怪舜，舜却从来没有告诉父亲为什么自己那么晚还不回来。虽然被冤枉，舜仍然肩负起家里所有的活儿，而且吃和穿都是最差的。

后母害了他几次都没成功，就借机把舜赶出去了。舜到历山开荒地。虽然后母和弟弟一直想害他，但是舜对他们还是念念不忘。因为他德行很好，孝感动了天，连动物都感动了，愿意帮他干活儿：大象帮他松土，鸟帮他播种，松鼠帮他填土。

他的孝行被尧帝知道了，就把两个女儿（娥皇和女英）嫁给舜，还赐给他田地和粮仓。后母和弟弟知道了，非常嫉妒，看他越来越富有，就更想害死他，从而把他的东西据为己有。

有一次，因为粮仓的顶漏了，后母叫他上房顶去修。等舜上去，后母就把梯子搬走，在底下点火。还好他的两个妻子早就给了他两个斗笠。舜左手拿一个斗笠，右手拿一个斗笠，从粮仓顶飘下来。他们想烧死他，没得逞。

后母又叫他去淘井。等舜下去，后母和弟弟就把石头丢下去，想砸死他。没想到，他两个妻子很聪明，很早就找人在井里挖了地道，舜赶紧躲在地道里，顺着地道出来了。

在这种情况下，他是怎么想的呢？他想："我肯定有什么问题，不然为什么我的母亲和弟弟不喜欢我呢？"受到了种种不公平的待遇，他还是这样想的，你说这是什么人？所以他的孝真的达到了一心，没有任何杂念，没有任何交易，没有任何怨气。

这两个故事告诉我们：只要我们心念端正，并且集中，"制心一处"，很多"奇迹"都会发生，这也是改命的方法。

你想学业好吗？

袁黄跟云谷禅师汇报了孔先生给他算命的内容：考不上科第，只有秀才的命，考不上举人，更考不上进士，也没有儿子。云谷禅师问他："你自己想一下，你应该有科第和生儿子吗？"这是给他反省的机会，因为他可能从来没有想过这个问题。

我们想得到一些东西却不如意，也要思考这个问题："我该得到吗？我该拥有吗？"

袁黄通过云谷禅师的指点，开始往内寻思。想了很久，很老实地告诉云谷禅师："我不应该有科第之名。"为什么？他做了深刻的反省：

"科第中人类有福相，余福薄，又不能积功累行，以基厚福。"意思是因为我的福报很薄，又不能积功累德增加福报，所以不应该中科第。这告诉我们什么呢？真正有中科第的命，是有原因的。

这时我们要想到一句话："无有他人作福田，何来耕地作收获？"如果没有种福田，肯定是没有收获的，科第之名也要有福报。这是没科第之名的第一个原因：没福报。

第二，"兼不耐烦剧，不能容人"。自身性格不好，脾气暴躁，不能容忍别人，这也是没有科第之名的原因。

我们很多人，不爱读书，考不上大学，什么原因？我们可以跟袁黄学一学反省。

其实，“何谈容人，实不容己”。记住，当我们容不得别人，其实就容不得自己。为什么？我们容不得别人，会不会生气？生气是不是容不得自己啊？我们要明白一个道理：生气是对自己最大的伤害。

所以，不能得功名，不会读书，不要怪别人，要怪就怪自己的脾气很不好。有人不会写作业，不怪自己太笨，反而把笔摔了，把书撕了，甚至骂老师，这太愚蠢了。

第三呢？“或以才智盖人，直心直行，轻言妄谈。”自己有一点儿专业，有一点儿本事，就觉得了不起了，想说什么就说什么，而且都是在说大话，贡高我慢。

这种人是不是真的有才智呢？不是。“若真才智，何不识事？知假也。”如果你真的有才智，怎么不知道什么该说、什么不该说？你连该说不该说都不知道，说明你的才智是假的。我们经常说“到什么山唱什么歌”，如果真正有才智，应该知道对什么人说什么话，就不会让别人生烦恼。

所以，袁黄考不上科第，原因有三个：一、没有福报，没福报是因为不懂得行善；二、脾气不好；三、贡高我慢，就是骄傲。

如果你的孩子读书不好，没考上大学，要让他知道原因。如果你学到这些，就学会了怎么教育孩子。

你想生贵子吗?

接下来，袁黄反省了自己没有孩子的原因：

第一，“地之秽者多生物，水之清者常无鱼”。地虽然很脏，但可以生长万物；水如果很清，里面一条鱼都没有。

海纳百川，资源满仓。

海域国家，争界相伤。

海纳百川，海底资源多得不得了。大海什么都装得进去。如果我们每个人都能有海一样的心量，保证你非常富有，一生平安健康，万事如意，要什么有什么。所以，袁黄命中没有孩子的第一个原因是什么？因为有洁癖。

第二，“和气能育万物，余善怒”。意思是我常常生气发火，没有一点儿和育之气。如果整个气场很和谐，就能生万物，生育孩子也同此理。

第三，“爱为生生之本，忍为不育之根”。当你有爱心，就有利于生长万物；当一个人很残忍，就会令其他生命难以化育。

可能很多人会有疑惑：“我看到有不少人脾气很不好，还很残忍，经常杀生，杀鸡杀鸭杀鱼的，按道理来说，是不是不能生孩子啊？怎么会生一大堆孩子呢？”怎么理解呢？这个生是什么意思？是生贵子。如果生了一大堆，但都是败家子，那又有什么用？这就是：

余庆生贵子，余殃生祸端。

有子非善恶，看是来何方。

我想问大家：如果你想生孩子，想生个什么样的孩子？肯定想生个聪明、漂亮、能干，让你欢喜的，对不对？如果生个败家子，天天气你，你要不要？大家记住，我们求老天保佑，是希望生贵子，不是说能生孩子就可以了。这里告诉我们：残忍是不育的根本。

他还说：“余矜惜名节，常不能舍己救人。”好名节，不肯舍己为人，帮助别人，这也是没有孩子的第三个原因。这就是“无仁生无人，有仁自然成”，无仁的人，别人不喜欢和他在一起，所以自然也难生育孩子。

第四，“多言耗气，宜无子者四”。多言耗气，身体健康受损，这是没有孩子的第四个原因。

第五，“喜饮铄精”。喜欢喝酒，伤及自己的精力，这是没有孩子的第五个原因。

第六，“好彻夜长坐，而不知葆元毓神，宜无子者六”。喜欢彻夜长坐，不懂保养元神，这是没有孩子的第六个原因。

后面三条合起来就是：“精气神旺托子身，三者缺弱子难生。”当我们的精气神有亏耗，肯定会影响身体，很可能造成生育困难。

当然，这里仅仅讲了六个原因。后面袁黄也说了：“其余过恶尚多，不能悉数。”其实我的过错很多，不可能一一列举。我们要学袁黄，事业、生活不如意，要往内去寻找原因，这就是“行有不得，反求诸己”的道理。

因此：

自知之明真可贵，知根知底生惭愧。

怨天尤人愚之最，有的放矢良策对。

我们碰到任何事情，有自知之明是最可贵的。寻根究底，找到自己的毛病，就会生惭愧心。如果怨天尤人，那是最愚蠢的。针对自己的毛病，去找对治的良策。这是我们从袁黄的反省中要学到的。

你想福德长吗？

这时，云谷禅师进一步引导，不仅仅是科第，世间的财富也是如此：“世间享千金之产者，定是千金人物；享百金之产者，定是百金人物；应饿死者，定是饿死人物。天不过因材而笃，几曾加纤毫意思？”

每个人的福报都是有定数的，老天没有任何安排，顺其自然。这是告诉我们老天的态度：各人因果各人了。

财落何家有定数，时长时短皆有度。

不择手段实自负，物归原主终归处。

我们学了这个，在生活中遇到不如意的事情，要从内在去反省，而不是从外在去找借口。

云谷禅师告诉他，生子也是如此："有百世之德者，必有百世子孙保之；有十世之德者，必有十世子孙保之；有三世二世之德者，必有三世二世子孙保之；其斩焉无后者，德至薄也。"

有句话叫"富不过三代，穷不过三代"，这话不完全对。比如范仲淹的家族就非常了不起，至今有八百多年了。当然，这种例子不多。所以能不能生孝子贤孙，看我们的福德厚不厚。福德厚，也可享百世之福。如果福德浅，一世都享不了，就会败散。所以生儿育女不是靠外在求神拜佛，而是靠自己修善积德。关于命运的真相，我们必须明白这些。

为什么"有百世之德者，必有百世子孙保之"？因为"物以类聚，人以群分"。世俗的人认为儿孙享的是祖先的福，其实不完全是这个道理。如果你爱喝酒，就感召一批酒友；你爱打麻将，就感召一批麻友；你爱读书，就感召一批书友；你德行好，就感召德行好的人给你传宗接代。

这就是所谓的：

物以类聚，人以群分。

感应道交，庶类相承。

积德，包容，和爱

云谷禅师告诉袁黄：你既然知道自己不能登科第、不能生孩子的原因，那就要把想到的所有过失通通洗刷干净，而且要多积德，要有包容心，要有和爱的心。

云谷禅师说："从前种种，譬如昨日死；从后种种，譬如今日生。此义理再生之身。"这句话提醒所有的人：当命运不如意，我们不要老是沉浸在过去，也不要埋怨周围的一切，过去种种让它过去，今日种种应当新生。

云谷禅师接着说："《太甲》曰：天作孽，犹可违；自作孽，不可活。"之前的命运，我们通过现在的努力是可以改变的；不去改变，那就是自作孽，不可活。

云谷禅师又说："《诗》云：永言配命，自求多福。"命运是自己创造的，要想变好，只有自己去努力行持。

云谷禅师给袁黄指了一条出路："孔先生算汝不登科第、不生子者，此天作之孽，犹可得而违；汝今扩充德性，力行善事，多积阴德，此自己所作之福也，安得而不受享乎？"意思是说，你之前不能登科第、不能生孩子是天作之孽，也就是自己以前所造作的，都是可以改变的。如今你要扩充德性，多做善事，多积阴德，是可以改变命运的。

很多时候我们依文解义，认为天作之孽是老天在作孽，其实不对，是过去自己身之所作、口之所言、意之所思，才被称为“天”。

云谷禅师说：“《易》为君子谋，趋吉避凶；若言天命有常，吉何可趋，凶何可避？开章第一义，便说：‘积善之家，必有余庆。’汝信得及否？”《易经》开篇就写道：“积善之家，必有余庆；积不善之家，必有余殃。”吉和凶可以自己选择，如果行持得当，多做善事，是可以趋吉避凶的。关键还是看我们自己的行持。

现在很多人很有意思，做什么事情都喜欢选日子、选时辰，是不是？结婚都会选吉日，可是选完了有没有吵架的？有没有第二天就离婚的？我们看新闻，结婚当天都有出车祸的。

如果明白真相，建议不要去选日子。上次有个人告诉我：“老师，那天还好我看了一下日子，诸事不宜。”我就问他：“一年到头有多少天‘诸事不宜’？可是整个世界有没有停止运行？没有吧？什么叫‘诸事不宜’？那要不要呼吸？呼吸是不是事？是不是要憋死？上班是不是事？吃饭是不是事？开车是不是事？你说哪个不是事？‘诸事不宜’，那该做什么？”

还有，我们也会看到台历上写着：今天“利东方”。如果我们要去西方怎么办？一开始往东方走，要不要拐弯？如果拐到西方了，车子还要不要开？还是停下来等明天开？如果要下个礼拜才利西方，车子是不是要停一个礼拜？这个很不可取。

很多人看风水也是如此，哪个地方是宝地，哪个地方会发财，哪个地方会旺子孙，其实不然。为什么？福人居福地，福地福人居啊。

我们看一下朱元璋的故事就知道了。陈友谅当王的时候，请风水先生给他选了一个地方，那个地方的风水有帝王之相。没想到那个地方已经被别人占了，谁占了？朱元璋的祖先占了。

那时候的朱元璋还是无名小卒，陈友谅就说："挖掉！"但谋士告诉他，风水这东西讲究的是缘，既然别人占了，你就不能去挖，挖了也起不到作用。

所以朱元璋能当皇帝，按照那个时候的说法，是他祖上有风水宝地。那是不是真的是风水成就了他呢？自然不是。很多人在研究《易经》的时候出了问题，老是根据《易经》把一些东西做固定的推算，这其实已经违背了《易经》的道理。

"易"是变化，"经"是亘古不变的真理。《易经》是说：一切都在变化，没有一样东西是固定的。这跟经典讲的"诸行无常，诸法无我"是一样的道理。《易经》告诉我们：命有定数，但可以改变，不是不能改变的。六爻中有一爻是会动的，动就是变化，所以整个卦象是会变的。

这也就是说，命运是可以改变的。

袁黄用他的亲身经历告诉我们：有命运的存在。云谷禅师给袁黄做了开示，告诉他："命可以改变。"袁黄相信这一点，他后来的命运也改变了。所以说：

信为道元功德母，长养一切诸善根。

断疑知真正信始，依教奉行来证真。

"信为道元功德母，长养一切诸善根"，信是修学的源头、功德的母亲，它可以滋养、长养一切善根，让它从无到有，从小到大。

"断疑知真正信始"，我们把对命运的所有怀疑，乃至对改变命运的怀疑断除，知道真相了，这个时候就开始有正信了，所以叫"正信始"，正确地面对、看待命运。

"依教奉行来证真"，"依教奉行"就是依照古圣先贤的教导去做。"奉"是把它作为标准、指南来行持。如果真的这么去做，并且精进不辍，就能证得宇宙人生的真谛。

造命在天的实用处

所以，"造命在天"是非常重要的内容，它让我们知道现状是怎么来的。知道了现状是怎么来的，就能推测未来的状况怎么样，可以从现在开始改变它。这是"造命在天"的内涵。

造命在天告诉我们：现在的命运是以前造成的，是什么造成的呢？是自己身之所作（身体所做的事情）、口之所言（嘴巴说的话）、意之所思（心里想的事情）造成的。

身之所作。比如我今天打了人，会不会招惹仇家？会。身造作就会产生后果，比如说被抓起来。被抓起来是不是命？那这个命是不是因为你打了人家？

口之所言。很多人失去很多机会，都是因为嘴巴说了不该说的话。很多夫妻吵架、离婚是因为什么？互相责骂，互相伤害。有人造谣生事，然后被人家打，甚至被抓起来，有没有可能？这些不良后果是不是嘴巴造成的？包括父母教育小孩子，有的孩子会顶嘴，所以才会招父母打，是不是？所以叫“祸从口出”。

意之所思。有人说：“我打了人，骂了人，被人家报复，这个能理解，但是我心里想什么，别人怎么会知道？”那我问你：你心里很不高兴，你的脸上会怎么样？是不是脸臭臭的？那会不会让人家讨厌？你说有没有后果？

我们小时候在饭桌上吃饭时脸臭臭的，父母就告诉我们：“不要吃了！”所以心之所想，脸上表现出来，后果是没饭吃。我们到别人家吃饭，看到主人不吭声，好像不高兴，我们也会不开心，还想不想吃？吃了也不开心，宁可回家，不吃了！

很多人很在乎别人的表情，因为心之所想会通过表情反映出来。我们很生气的时候，眼睛会冒出凶光，是不是？因为眼睛是心灵的窗户。虽然心之所想看似产生不了什么作用，但是它的作用还是可以体现出来的。

其实我们做任何一件事情都是由心而发。虽然意之所思看似很微细，但它是善恶的源头。我们心情好的时候，笑容很灿烂；心情不好的时候，是不是脸臭臭的？生气发怒的时候，眼睛是不是会表现出来？甚至手都会发抖，是不是这样？

“造命在天”告诉我们，我们以前身之所作、口之所言、意之所思造成我们现在的人生状态，这就是命运。

当我们知道这个事实，有什么好处呢？安于当下，老老实实改造自己，好的地方继续发扬，坏的地方努力改进，不再怨天尤人，不再苦果叠苦因。

有的人心情不好，或者身体不好，人家跟他讲话，他还凶人家。他的理由是什么？“我本来就心情不好、身体不好，你还来惹我！”他本身心情不好、身体不好就是因为之前的造作，若再生气不是恶上加恶？是不是会变得更糟糕？可我们是多么愚痴！竟然还把这些当作资本和理由：“别惹我，因为我心情不好、身体不好！”脸臭臭的，甚至还会寻衅打人。

明白了“造命在天”的真相，我们就知道：“我身体不好、心情不好、破财、事情不顺利，是因为我之前造了太多的恶。如果我现在再造恶，情况会更糟糕。”

这些真理在生活中非常实用。比如两夫妻为什么吵架？因为“不是冤家不聚头”，再吵就会冤家变仇家。所以这个时候就要想：“我们之所以会吵架，是因为之前造了不好的因，如果再吵架就更可怕了！”明白了这个道理，是不是就容易做到家庭和睦了？

现实生活中有些事情很有意思，比如说有些人破财了，按理说，是不是之前造了恶，才会造成现在破财？可是很多人却不择手段地把别人的钱坑过来，弥补自己的损失。有没有这样的？如果真的明白了造命在天的原理，这样做划得来吗？划不来！

所以我们要学舜帝。他的后母因为对他太恶了，得了恶病，脸上长了红斑。治疗的药方里面有灵芝，可是灵芝是稀有物，很难找。舜帝想尽办法也没有找到，后来他的孝心感动了天，有一只鸟叼回了灵芝。灵芝是有了，但是还需要药引——亲人的心。

你知道出现了什么情况吗？母亲很宠爱的亲生儿子象，一听撒腿就跑，害怕心会被掏掉。这个动作挺滑稽可笑。

而且脸上长红斑是会传染的，没多久舜的父亲也被传染了，象怕被传染，不去照顾父母，甚至从来不进他们房间，是舜亲自服侍。弟弟跑了，舜知道弟弟没指望了，于是就跟上天祈愿："虽然我不是后母所生，但是我从来没有把她当后母，用我的心做药引吧。"他这样的行持，谁做得到？反正我做不到。

这就是"孝感动天"的故事。既然灵芝都会被鸟叼过来，天会不会帮助他？父母的病治好了，从此以后，他们才对舜产生了感恩心，不再害他。

舜的后母之前对他百般刁难，舜不但不记仇，当了帝王，还封了诸侯给他同父异母的弟弟，这是标准的以德报怨。所以，舜非常了不起。

（二）立命在人

前面讲了《了凡四训》第一训"立命之学"中的一部分：造命在天。我们把两个重要的含义稍微复习一下：一个是"了凡"，一个是"造命在天"。

"了凡"有两个次第，我们必须明了：

第一个次第，是了知我们平凡的人生今生会得到什么，失去什么，乃至寿命的长短，这些都是命中有的。虽然这是真相，但是它没有告诉我们命运是怎么来的。比如袁黄的一生被算定，孔先生只是告诉他考试能考第几名、寿命五十三岁，但没有告诉他为什么会考第几名，为什么寿命是五十三岁，这个真相没有讲。这是第一次第：了知我们平凡的人生。

如果仅仅了知一生的定数，不去进行第二个次第的学习，就会如袁黄的前半生一样万念俱灰。所以我们要学他的下半生，也就是学习第二个次第：了却平凡的人生，获得不平凡的人生。

我们还强调了一个很重要的理念：造命在天，就是每个人的生命运行轨迹取决于自己过去身之所作、口之所言、意之所思。对命运的态度有多种，大致可分为正信和迷信。宿命论和无命论属于迷信；正信是客观认知。

关于立命之学，这是我们必须掌握的两个重要概念。

立命在人的含义

我们这堂课接着讲“立命在人”。

“从前种种，譬如昨日死”，也就是说，之前我们身口意所造作的无法改变，已经成了事实。那我们是不是坐以待毙呢？如果是这样，知道了命运也没有意思，还更煎熬。所以接下来更有意义的是，我们要知道如何通过自己的能力，主动地去改变命运。所以进入第二个重点，就是“立命在人”。

“立”是确定。

“命”是未来生命的运行轨迹。

“在”是取决于。

“人”是现在的身之所作、口之所言、意之所思。

“立命在人”连起来就是：未来生命的运行轨迹，取决于现在的身之所作、口之所言、意之所思。也就是未来的命运掌握在自己的手里。这是一个目标。

“立命在人”只是一个概念，要想落实，必须有一系列的理论和方法。如果没有搞清楚理论体系，没有搞清楚运行的方向，就盲目地行持，很容易适得其反。这是我们要知道的。

大善大恶可以改变原来的命运

通过云谷禅师给袁了凡的开示，我们知道了一些真相，概括如下：

阴阳之数拘小人，善恶偏激旧命改。

学海所得皆俗套，了凡方知命主谁。

项上三尺有神明，算纪增减无偏离。

大概意思就是：我们每个人的命运可以根据《易经》的阴阳八卦推算出来，但是阴阳八卦之数只能拘住一般的人，也就是“小人”。“小人”是平凡的人。大善大恶之人，命数是拘不住的。也就是说，大善大恶之人可以改变原本的命运。

“学海所得皆俗套”，袁黄起初自号学海，可见他当时立下的志向：要好好学习，要有大海般的容量。但是他明白了云谷禅师告诉他的真相，就把“学海”改成“了凡”，知道之前所学都是俗套。

“了凡方知命主谁”，只有透过现象看本质，了却我们的平凡人生，才能知道命运真正的主宰者是谁。

“项上三尺有神明，算纪增减无偏离”，古人认为，每个人项上三尺都有神明，神明会给我们记录善和恶。根据我们善恶的积累，给我们开出单子。什么单子？对我们的寿命进行加减。算是一百天，纪是十二年。

如果我们行善很多，在我们还没去世之前，分数就突破了，神明就给我们加算或加纪，延长我们的寿命。同样，如果我们在去世之前造恶太多，达到了惩罚标准，神明也会夺去我们的算和纪，减掉我们的寿命。

这是古人的看法。我们现在讲这些有什么好处呢？可以让我们懂得：做人应该为善去恶，并不断地提醒自己，不要自欺。自欺有两个意思：一、不要欺骗自己；二、不要欺负自己。随时保持一颗警惕心，多行善，少造恶。

作善要专心

好，我们继续讲袁了凡的故事：

> 了凡信言而受教，发心忏悔祈果效。
> 誓行三千善事行，报德祖宗求功名。
> 功过格上进退记，准提咒持来克期。

祈天立命无思虑，天人合一愿自应。

专心致志行持真，一切祥愿果必生。

袁了凡善根非常深厚，听云谷禅师讲了这些真相，马上就相信了，而且把自己的过失通通写成文章，在佛前发露忏悔，同时发愿行善。

发的第一个愿是什么？做三千件善事。因为他觉得有点儿愧对祖宗，所以发愿做三千件善事报答祖宗。具体怎么做呢？云谷禅师给了他一本功过格，做一件善事，就记下来一件；做一件坏事，就把善事减掉一件。就这样增减累积，不是善归善、恶归恶。

也就是说，肯定不止做三千件善事，因为肯定有过失，会做错事嘛，就要抵消一些善。最后完成的纯三千件善事，是库存的三千件。这是很有道理的。如果做了三千件善事、五千件坏事，也按三千件善事给你奖励，那肯定是不可能的。

三千件善事做了多少年？整整做了十年。

我们很容易发生一种情况：行一件善事，又产生好几个过失。比如说你帮人家做一餐饭，这是一件善事吧？可是在做饭的过程中，完全有可能造了很多恶事，比如会生闷气、骂人，甚至故意多放点儿盐巴，放咸一点儿。有没有这样的？

所以行一善，可能伴随很多过失，这是我们行善的过程一定要注意的。如果是以这种方式行善，那就功不抵过。所以做什么事情，就要好好地去做，不要有怨气，否则善就不是善了。即使善事做好了，也划不来。

云谷禅师为了让袁了凡以更专心、更清净的心去做善事，教他持准提咒。目的是让他以一念代万念，同时得到圣贤加持，心就更容易清净，也可以更专心。

“祈天立命无思虑”，专心致志地做善事，没有其他不好的想法，最后达到天人合一，愿望自然就能实现。所以做善事一定要专心，不能夹杂。如果夹杂，做善事的力度就不够。

孟子论立命之学

我们再看《了凡四训》的原文：“孟子论立命之学”。从孟子的立命之学来看，他的境界也是非常高的，跟佛家是相通的。他提到“夭寿不贰”，夭寿就是死和生，生和死没有区别。如果生和死没有区别，我们就不会有所挂碍、有恐惧心，跟佛家讲的心性就相符了。这里首提“夭寿不贰”。生和死如果都没有差别了，剩下的都是附带品，自然都无所谓了。

“细分之：丰歉不贰，然后可立贫富之命”，丰是财富很多，欠是财富欠缺。如果能安住不动心，无论贫或富，每个人都能自在地享受人生，贫富这两者就没有区别。我们经常听到一句话：不管是有钱人还是穷人，一天都吃三餐饭。穷人有穷人的过法，富人有富人的过法，没有绝对的高低和不同。

可能很多人说："这样会不会消极避世啊？"不会，反而会让我们少造很多恶。富人如果为富不仁，会造恶。穷人呢？如果怨气冲天，也会造恶。所以当我们能安于当下，心态会平和，至少不会造太大的恶。

"穷通不贰，然后可立贵贱之命"，每个人能力的大小不同，在世间过得或困厄或通达，也是不同的。无论困厄还是通达，如果不产生分别心，那么贵和贱也就没有区别了。

我们再看道家圣贤庄子"鼓盆而歌"的故事。道家比较有名的两个人，一个是老子，一个是庄子，合起来叫"老庄"。

庄子的境界非常高。妻子去世，惠子来看他，想来安慰他。没想到，庄子不但不哭，还在那边敲脸盆唱歌。惠子说："你这人也太过分了吧？妻子死了，最少要哭一哭，难过一下吧？怎么那么开心？"

庄子告诉惠子："一开始我也很伤心，但想想，人的生死就是一个循环，死也意味着生的开始。而且忧伤也没用，我忧伤干什么？还不如好好地送她一程。"死就是生的开始，庄子做到了节哀顺变的功夫。

同时他对自己的生死也看得很淡。他快要死的时候，学生很难过，他就劝他们："没什么好难过的，反正每个人都这样过的，就像四季轮回。"他的葬礼学生准备大操大办，他告诉他们没必要，他选择了非常简单的葬礼仪式："我把天地作为棺椁，把日月作为璧玉，把星辰当作珠玑，万物都是我的陪葬！我陪葬的物品难道还不够齐全吗？"学生说："最少要埋掉吧。"他说："不要。"学生说："不埋掉，天上的老鹰会把你的尸体吃掉啊。"

你知道庄子怎么说的吗？他说："如果我的尸体是老鹰该吃的，你把它埋掉了，地底下不是有蚂蚁吗？蚂蚁不也会吃我的尸体吗？你把该给老鹰吃的强行剥夺了，去给蚂蚁吃，不是侵权吗？"这是庄子的境界。

这话挺有意思的。很多人说"入土为安"，不要让老鹰等动物把尸体吃掉，可是地下不也有很多虫子吗？照样也会被吃掉。

我们来概括一下：

死生如四季周循，无有先后及终始。

身源天地之气聚，尸身归众不作为。

"死生如四季周循"，生死如四季一样不断地循环。"无有先后及终始"，没有先和后，也没有开始和结束。"身源天地之气聚，尸身归众不作为"，道家认为，身体的产生是由气凝结而成，人死了就犹如气扩散开去，这个时候我们的遗体也回归天地，这不是我们自己可以作为的，也没必要去作为。所以道家把这个色身看得挺淡的。这是圣人的境界。

活在当下是把当下盘活

知道这些之后，我们要怎么运作呢？

安于现状，努力行善。

活在当下，天天向上。

也就是说，我们要把心先安下来。但安于现状不等于不动，而要努力地行善，根据自己的能力去行善，活在当下。

“活在当下”是什么意思？很多人理解错了，认为该怎么享受就怎么享受，有多少吃多少，有多少用多少，把当下活好就可以。活在当下不是这个意思。记住啊！活在当下就是把当下盘活，不让它死气沉沉，不让它无所作为。“活在当下，把握当下”不是享受当下，而是做好当下，能做的善事多做，多种善因，而不是一味地消耗。很多人虚度年华，这个当下是死的。

活在当下是盘活我们每一个时间点，天天向上。天天向上是什么意思？就是我们的人格、人品天天都往上提升。

袁了凡明白了这个道理，就给自己改了名字。改成什么了？原来叫学海，改为了凡。明白了立命之学，就不想再跟凡夫一样。

他不知道真相的时候，整天是悠悠放任，跟云谷禅师对坐三天三夜，没任何念头。可知道了真相，不一样了，每天很谨慎，也不敢放任，很害怕。害怕什么？害怕自己做错事，害怕自己独处会放纵欲望，会得罪天地鬼神。他的恐惧心化为了警惕心。

他知道自己是一个过恶很重的人，需要好好地积功累德、行善，不敢造恶。所以遇到别人憎恨他、诽谤他，他都能够包容，不跟别人计较。

如果我们每个人都能明白这点，会很有意义。就像前面在分享“造命在天”的时候说过，我们碰到跟我们吵架的人，碰到不顺心的事情，明白都是我们原来没有做好。照理说，碰到这样的事情，应该好好弥补，可是很多人不是这样的，不但不好好弥补改过，反而变本加厉地再造恶。这样，我们的命运就会越来越差。

所以，可以这样概括：

学海无涯终落俗，了却凡尘我自主。

趋善避恶谨慎为，一切果相恬然受。

这四句话告诉我们：学再多，可能也是庸俗不堪，真正要做的是回光反照，自己做主，改变自己的命运，了却自己的凡夫身。

但是，趋善避恶要非常谨慎地去作为，因为很多时候，我们不明白道理，会一不小心把善事变成恶事。我们在现实生活中经常碰到这样的事情，俗话叫“帮倒忙”，这是因为我们对善恶的标准不明白。如果明白了，一切果相现前了，我们能非常自然地接受它，不会排斥它。

这是袁学海变成袁了凡的过程。

十三年完成六千善事

我们概括一下袁了凡发愿行三千善事的变化：

渐践善行渐变化，科考之数位已跨。

次年礼部考科举，孔记第三换头椅。

然则进退常虚度，十年善行才满数。

遂起三千子来祈，次年生子袁天启。

三年勤修诸善行，三千之数已满勤。

接求能达进士愿，许善万条来实现。

三年登第授知县，善行之报来兑现。

衙氏门中离地气，万善之愿何来去。

发愿做三千善事，之后整个人开始变化，人生也开始变化。第二年吏部考试，按照孔氏给他排的流年，只能考第三名，没想到考了第一名。也就是说，第一次发了行三千善事的愿，第二年命运就开始改变，把定数改了。原来没有考取举人的命，通过不断努力行善，突破了自己的学位。

我们不要一听到这里，就发愿要做善事。很多人马上说："我一定要行善事，一定要做功德。"这个想法很好。但是我们要记住，了凡做善事之前先做了什么事情。炒菜之前应该先做什么？先洗锅，不然炒的菜不干净，因为锅太脏。所以行善做善之前，最好先忏悔，相当于把锅洗干净，再来炒菜。袁了凡听了云谷禅师的话，马上发露忏悔，接着再起行善之愿。

虽然他不断地行善，但是人总有懈怠心，尤其是一开始没有尝到甜头，就更容易有懈怠心。足足用了十年，才完成三千件善事。

发了做三千件善事的愿，孔先生算的命开始有了转变、有了提升，由原来的第三名变成第一名，由原来命中没有举人变成考中了举人。随之整个心情由原来的一潭死水，变得有点儿活跃了，原来一片黑暗的心地，有了光明。于是，开始对人生发起总攻。

之前提到：没功名是因为没有福德相，又太小气，很容易计较。结果行了三千件善事，功名改变了。第一仗打完，接着又发愿：再行三千件善事。求什么？求生儿子。

发愿的第二年，就生了儿子，就由命中无子到有了儿子。儿子的名字很有意思，叫"天启"。袁了凡启动了求子愿，老天终于开眼，送了个儿子来，袁天启的名字是这样来的。

天启是求来的，这个儿子非常不错，很孝顺，也很听话。接着没多久，又生了第二个儿子，叫天赐。天赐跟天启比起来就差了点儿，为什么？天启是很用心求来的，天赐没有求。

我们看了《了凡四训》的电影就知道，了凡的《训子文》是为谁而写的？是为第二个儿子。第二个儿子乡试回来，没考上，正榜没有，副榜也没有。父亲问他，他还气冲冲的，说："命运不济，遇上了糊涂考官。"不能反躬自省，还怨天尤人。就因为这个，袁了凡开始思考该给孩子说点儿什么。

第二个三千善事，因为有经验，也比较熟练，所以只花了三年，就全部完成了。

一善可当万善

通过这两次完成三千善事，了凡尝到了甜头，接着准备冲关，冲最后一关。明清两代的科举制度，进士是最高学位，还有可能参加殿试成为状元。按照孔先生算的，他没有中进士的命，所以想冲一下。可能因为太激动了，一不小心，许了一万件善事。为什么说他太激动了呢？因为我们看到，他后面有点儿发愁，有点儿后悔。

随着福报越来越大，官也越来越大，当了知县，到衙门里住了。以前在地方上，可以跟基层接触，做善事就比较容易。比如别人提不动东西，帮他提一提，可是在衙门里怎么帮人家提东西啊？所以妻子发愁了："衙门远离基层了，怎么做好事啊？你一个当官的，不能老穿着官服去外面做好事啊。"袁了凡也很郁闷：这一万件善事怎么完成？

正在发愁，有一天晚上突然梦见一个神人，这个神人告诉他："你的一万件善事已经做完了。"他问："怎么做完了？"

神人说："你当知县，体恤民情，把向老百姓征的税收，由每亩两分三厘七毫，变为一分四厘六毫，差不多减了一半。就凭你这个政策，一万件善事已经完成了。"为什么？因为政策出来了，受到利益的人绝对不止一万。减轻了赋税，大家日子更好过了。了凡就这样完成了一万件善事。

袁了凡习惯了一件件地数，没想到这次来批发的，所以他有点儿怀疑。刚好有幻余禅师从五台山来，了凡就把这个梦告诉他，问他这个梦可不可以相信。幻余禅师告诉他："只要善心真切，一行可当万善，何况整个县减粮税，万民受福。"禅师给他印证：你的一万件善事确实已经完成了。

袁了凡很开心啊，不用再忧愁了，他也很大方，很欢喜地把自己的工资拿出来，请禅师去五台山供斋，然后回向。

我们想想，如果真的是一件一件地来做善事，要完成一万件确实挺辛苦的，何况衙门又远离基层，就更难。我们要明白什么呢？积功累德要用心，不能走表面。

表面可以算吗？可以算，但是很僵化。如果用心去做，利益就很大。比如我们做善事，是以利益大众的心去做，数量是算不出来的，知道吧？你做的不是一两件善事，完全有可能是千件万件善事。为什么？因为会像一石激起千层浪一样波及开来。这是我们要明了的。

这一段概括而言就是：

万善之愿已实现，寿命定数已改变。

外相行善是辅助，心念才是最关键。

这四句话告诉我们：万善的心愿已经实现了，了凡的寿命定数也改变了。原来是五十三岁八月十四日丑时命终，但他写《训子文》时已经六十九岁，寿命早已突破五十三岁。这证明他的命运完全改变了。

所以外相行善是辅助，心念才是最关键，我们每个人都要用心去做。如果仅仅从外相上去行善，善的利益就比较小。

概言之，即是：

不以量数来计善，应以利众来论断。

一石激起千层浪，浪浪相加石效算。

很多时候善不能用单纯的数字来算。比如说我们刚才讲的，一块石头丢水里，会产生波浪，浪与浪会相互叠加，一石会激起千层浪，不断地进行延伸和扩展。也就是说，我们行善事，看似只是利益了一个人，但真相是什么？不止，完全有可能由一个人改变一个家庭，然后由一个家庭改变一个家族，由一个家族改变一方风俗。

《了凡四训》继续写道："《书》曰：'天难谌，命靡常。'又云：'惟命不于常。'皆非诳语。"告诉我们：天，很难相信，命是无常的。如果有谁说命是固定的，就是妄语。

接着写道："凡称祸福自己求之者，乃圣贤之言。若谓祸福惟天所命，则世俗之论矣。"如果谁说祸福是老天注定的，那是世俗的谬论；如果说祸福是自己求来的，那是圣贤的言语。

俞净意公的故事

还有一个行善改命的例子。我们略讲一下俞净意的故事：

俞净意遇灶神记，聚集学友文昌社。

谈善论恶作劝客，放生惜字样善具。

四十家贫诸恶趣，五子剩一还丢弃。

四女去三独来叙，五十得名进士殿。

善恶不由半点欠，杨府又得父子见。

自作自受理不变，假善瞒己天地鉴。

去假存真果相变。

这是对《俞净意公遇灶神记》的总结，大家有时间可以看看这本书或电影。俞净意公一开始不叫俞净意，而叫俞都，字良臣，就是希望自己当一个好大臣，这是很美好的愿望。这个人表面上做得非常好。他跟几个学友建了文昌社，干什么呢？经常搞一些善的理念探讨、善文化的传播、放生、惜字教育。

但是，即使做了那么多善事，到四十岁还很落魄。生了五个儿子，死了四个，走丢一个；生了四个女儿，死了三个，剩下一个还有病。等于九个儿女，只剩下一个有病的女儿在身边，还有一个儿子不知死活。所以他想不通，怨天尤人。

年三十是灶神上天汇报的日子。他每年都要敬灶神，年三十把自己的怨气全部写出来，然后在灶神面前烧掉，希望灶神帮他转告。有一年年三十晚上，有一个书生模样的人来到他家，这个人长得气宇轩昂，很不一般。

俞都感到很奇怪，心想："今天是年三十，大家都在家里面团圆，这个人怎么会到我家呢？"俞都很恭敬地请他坐好，问他："你怎么会来呢？"这个人说："我听到你的叹气声，所以就来看一看。”

俞都准备把自己叹气的真相告诉他，这个人说：“你不用告诉我，你写得这么清楚，我知道你的状态。但是，你自己回头想一想，你这几年做的事情，是真的在行善吗？”

这个人给俞都举了几个例子：“第一，别人放生，外相上看，你也会去，但是别人不去，你也不去。第二，你天天提倡惜字，在外面遇到字纸还捡起来焚烧，可是你的学生或者家人把字纸拿来糊窗户，你却从来不吭声。你只是表面上做得很好，实际上根本没有做到。第三，你天天说仁义道德，可是吃起海鲜之类，却一点儿慈悲心都没有。还有，你跟别人讲话也很刻薄。”

他列举了俞都的一些不足之处，俞都一听，生惭愧心。他知道这个人就是灶神。

他明白了真相，就把自己的名字改成了“俞净意”，想让意念达到纯念的状态，不夹杂私心杂念。从那以后，他跟袁了凡一样，立志不断地、认认真真地行善。慢慢地，他的家庭环境开始改变，人生状态也越来越好。

当时首辅张居正要给儿子请一个家教，大家都推荐他，他于是去了京师。有一次他去拜访一个姓杨的公公，杨公公让收养的五个孤儿都出来给俞净意行礼。

俞净意突然看到一个孩子很眼熟，就问他是哪里人。

答说是江西人，大概什么时间、什么地方坐船走丢了。俞净意一听，地方对，时间也对。他还记得儿子脚底下有个胎记，就叫他脱鞋，一看果然有个胎记。杨公公心肠非常不错，知道这是他儿子，马上送还给他。

俞净意非常高兴，就把儿子带回去了。他的妻子因为儿女死的死，丢的丢，很难过，天天哭，哭得眼睛都瞎了。儿子回来了，她还是哭，这个儿子很孝顺，帮母亲舔舐眼睛，母亲的眼睛就复明了。还有个版本记载的是俞净意的女儿疯了，但是看到弟弟回来，病就好了。他整个家庭的命运改变了。

《俞净意公遇灶神记》的故事大概就是这样的。这个故事告诉我们：小心谨慎地做事，多行善，有好处没坏处。

命自我作，福自己求

了凡也告诉我们，要作反观念想。当你整个人生状态比较荣耀的时候，一定要作落魄想；当你顺意的时候，一定要作不如意想；当你很富有的时候，一定要作贫穷想；当别人对你礼敬的时候，一定要作恐惧想，觉得自己德不配位，如果还贡高我慢，那就不好了；当你家世显赫的时候，一定要作卑微想；当你学问很高的时候，一定要作无知想。

一切要作反方向想，跟俗话说的“居安思危”“未雨绸缪”是相近的。

袁了凡还告诉我们，我们每个人每一天都要做一件事情。什么事情？找出自己的毛病。人非圣贤，孰能无过？人无完人，金无足赤。每个人一定有很多毛病。如果我们每天都能觉知自己的毛病，就能天天改过。如果安于现状，觉得自己无过可改，这一天就没有进步。

所以从现在开始，我们每个人要做两件事情：

一、自己找自己的毛病。

二、请别人发现我们的毛病。

每天都要做这样的事情，真的要做啊！

云谷禅师给袁了凡传授的立命之学，是至精至邃、至真至正之理。我们每个人都要理解透彻，并且在事相上努力行持，达到理事相融，这样才能从“立命之学”得到真实的利益。

概括而言就是：

居安思危广长计，任重道远知明细。

人无完人须切记，知非改过无止境。

每个人都要居安思危，从长计议，还要知道善恶的明细。知非改过是没有止境的。当别人指出我们的问题，我们要很开心，因为他们可能是对的。当然，也有可能不是我们的问题所在。但是不管怎么说，有则改之，无则加勉。

我们以“命自我作”为题来做总结：

功过格上记功过，是非分明识对错。

学海遭遇了凡挫，命自我作宿命剁。

断恶修善不懒惰，幸福人生无灾祸。

这是告诉我们，命是由我们自己造作的。怎么造作？是根据善恶的标准而来，善恶的件数由功过格来体现。我们一定要是非分明，要懂得对与错。

“学海遭遇了凡挫，命自我作宿命剁”。袁学海遭遇了挫折，改名为袁了凡，所以学海被了凡击败了，自己打败了自己，以前的宿命通通改变了，这就是命自我作。

小故事大智慧

由袁了凡的经历，我们再讲一些故事，小故事见大智慧。

1. 防患于未然

有个人到人家去做客，发现主人家的烟囱是直的，灶旁放了柴草。他告诉那家主人：“这个烟囱太直了，要改成弯的才好，还有柴草离灶太近，这些都容易引发火灾。”

主人没有理睬他。没过多久，主人家果然发生了火灾，隔壁邻居都来救火。主人为了感谢他们，请这些救火的人吃饭。这时有个人说了句话。你猜他说什么？他说："其实，你最该请的不是我们，而是那个告诉你烟囱太直，柴草不能放太近的人。"主人一听，非常惭愧，马上请这个人过来坐上席。

很多时候我们看问题都看不到根本，看不到长远。我们总是感谢在落难的时候帮我们的人，可是这个不究竟。我们要感谢的是谁？感谢在我们没有落难的时候，告诉我们缺陷的人。

可是有几个人能做到？很少。还没有发生实质性后果的时候，少有人会感谢提醒我们错误的那个人，甚至可能还跟他吵架。

2. 事情的真相往往很简单

有一次，某地发生了水灾，有个人的老婆和孩子都掉到水里，他先把老婆救起来了，然后再去救儿子，发现儿子不见了。

这个时候旁边很多人议论。一种认为救老婆是对的，为什么？儿子可以再生。第二种呢，认为应该救儿子，为什么？老婆可以再娶。

大家很想知道这个人是怎么想的，就找他问："你当时是怎么想的？"这个人说："因为老婆离我最近，所以我就把她救起来了，当时我什么都没想。"

很多闲人老是猜测当事者是什么心态，这个故事告诉我们：对方的心事不要乱猜，事情的真相往往很简单，不要随意揣测他人做事的动机，很无聊。

3. 医王扁鹊

有一次，魏文王问扁鹊："你们三兄弟都精于医术，谁最厉害？"扁鹊说："我们三兄弟中，最厉害的是老大，第二厉害的是老二，我是最差的。"魏文王问他："你最差为什么还最出名呢？"

扁鹊就告诉魏文王："老大专门对治那些还没生病的人，告诉他们不生病的方法（也就是养生）。在他面前，没有病人，都健康，所以他医术最厉害，但不出名。

"老二第二厉害。为什么呢？他专门治刚发作的小病，小病还没有变成大病都被他治好了，别人以为他只会治小病。所以他变成了乡医，左邻右舍都知道，但别的地方不知道。

"我呢，专门治大病，大家很痛苦的时候来找我，治好了，就记得我，所以我的名声很大。真正来说，我的医术是兄弟中最差的。"

大家听懂了吗？最有名的，未必是水平最高的。

就像我以前的单位，有个车间主任每次干活儿都在最前面，每次都是干最苦的活儿，但这个领导是最差的。为什么？因为不会领导，只会干活儿。我们碰到过一些领导，看似天天坐在办公室看报纸、看书，但是领导能力强，把事情安排得妥妥当当的。

扁鹊的这个故事告诉我们：不能光从外相上去判断一个人，外相不能决定什么。

4. 隔窗观衣，境物不一

有个老人家每天隔着窗户看对面的房子，觉得他们家的衣服没洗干净。他感觉很奇怪："对面那家人怎么回事？衣服洗不干净就不要洗，怎么每次晒出来的衣服都不干净？"有一次，儿子来了，他就跟儿子说了。

儿子仔细一看，说："不会啊，是我们自己的窗户没擦干净。"儿子把窗户擦干净，老人再看对面的衣服就特别干净。

这个故事很短，但是很有意思。我们很多人觉得别人有毛病，是因为什么？因为自己有毛病。我们戴着有色眼镜，看到的东西都是有色的。记住啊！当我们看别人不顺眼，先反观自己的眼睛有没有擦亮。所以不要去胡乱批评人家，不要胡乱指责人家。但是这不等于不去教人家。如果真的是别人的衣服没洗干净，还是要跟他讲。但是在自己的窗户没检查之前，不要随便指责别人。

生活中很多人喜欢指点别人的江山，甚至笑话别人的衣服没穿好，回头一看，自己的衣服都没穿好。

5. 分则害，合则利

有两个人在荒郊野外，前不着村，后不着店，四面都是荒山，找不到任何吃的，饿得半死。这个时候他们碰到一个老者（应该是仙人变的），他手上拿了两样东西：一根钓鱼竿和一箩筐鱼。他把东西放在地上，说："我就两样东西，你们两个人自己选。"其中一个人选择了一箩筐鱼，另一个人选择了一根钓鱼竿。

选了钓鱼竿的人就到处找钓鱼的地方，他认为他能钓更多的鱼，肯定比这箩筐鱼多。就是因为他贪心，想钓更多的鱼，所以选择了鱼竿。另一个人呢，可能比较懒，所以就选了现成的一箩筐鱼。然后他马上找地方生火，把鱼烤了，吃得很满足。

吃完，他就往前走，还没走出这片荒山，就饿死了。拿着鱼竿的人呢？因为很饿，所以走得很慢，走了很久，好不容易看到远处有个像湖的地方，可是他实在到不了了，饿死在路上。两个人都饿死了。这是一个版本。

我们再来看另外一个版本。同样是两个饿得半死的人，碰到一个长者，长者同样给他们两样东西：一根鱼竿和一箩筐鱼。其中一个说："我们两个人一块儿去寻找出路。这箩筐鱼，我们每天吃一条，两个人一块儿吃。"你说结果怎么样？两个人一块儿吃鱼，最后找到一个湖，又钓了很多鱼。从荒山中出来，两个人因为这个缘分，结拜为兄弟。因为他们互助互爱的精神，感动了善神，所以他们都发财了，两个人都非常富有。

这个故事很有意思。它告诉我们：分则害，合则利。后面的两个人因为合作，既渡过了难关，又获得了财富。而且他们很惜福，不会像前面的那个人，把鱼一下子全吃掉，而是慢慢吃，撑过去就好了。这告诉我们：合则利，还要有计划、有安排。

不管是夫妻也好，家人也好，朋友也好，同事也好，生意伙伴也好，人与人之间如果互相对立，各自为政，就都会“死”，特别是在困难时期。对立，双方都是受害者；合作，双方都是受益者。

6. 励志的张海迪

接着我们讲一个非常励志的故事。很多人都知道张海迪，她五岁的时候，因患血管瘤导致高位截瘫，成了重度残疾人。她没有机会进校园上学，就靠自学完成了小学、中学的全部课程，自学了大学英语、日语、德语等，攻读了大学和硕士研究生的课程，最后成了著名作家、哲学硕士、英国约克大学荣誉博士，现任中国残联主席，北京2022年冬残奥会中国体育代表团团长。

她是靠不断努力，自强不息，成就了自己的梦想。她高位截瘫，这是“造命在天”；她后来的成功告诉我们：“立命在人”。

张海迪曾经获得两个荣誉称号，一个是“八十年代新雷锋”，她很乐意帮人家，一个是“当代保尔”。《钢铁是怎样炼成的》主人公保尔双目失明，身体瘫痪，却坚强不屈地创作小说，犹如一块坚强的钢铁。他钢铁般的意志和自强不息的精神激励了千千万万的读者。

不如意时学了凡

如果现在的生活不太如意，不要怨天尤人，而要当下忏悔，好好规划人生，努力多行善事，那么命运一定可以改变。

很多人问：“那什么时候才能改变命运？”这要看你行善的力度、纯度。如果你的纯度很高、力度很大，像袁了凡那样精进，命运很快就能改变。

袁了凡的寿命足足延长了二十一年，功名也得到了突破，还生了两个儿子。他的福报是不是到此为止呢？不是，从明朝到现在，《了凡四训》这本书被称为“中国历史上的第一善书”，利益了无数的人，利益了无数的家庭，所以他的福德远远不止生前那些。

从这里，我们要明白一个道理，只要我们真的做对社会有用的人，我们做的善事起步于现在，但是，可能利益无数后代。

古代人追求三不朽“立德、立功、立言”。如果真的能把自己一些好的理念传递给周围的人，传递给后代，这也是在“立德、立功、立言”。

希望看到这本书的人，都能以了凡为榜样，通过《了凡四训》的第一训“立命之学”认识自己的现状，从当下开始，努力行持，改变人生；不要靠天，也不要靠别人，而要靠自己。

立命之学

1=G 4/4

吴知 词
米航 曲

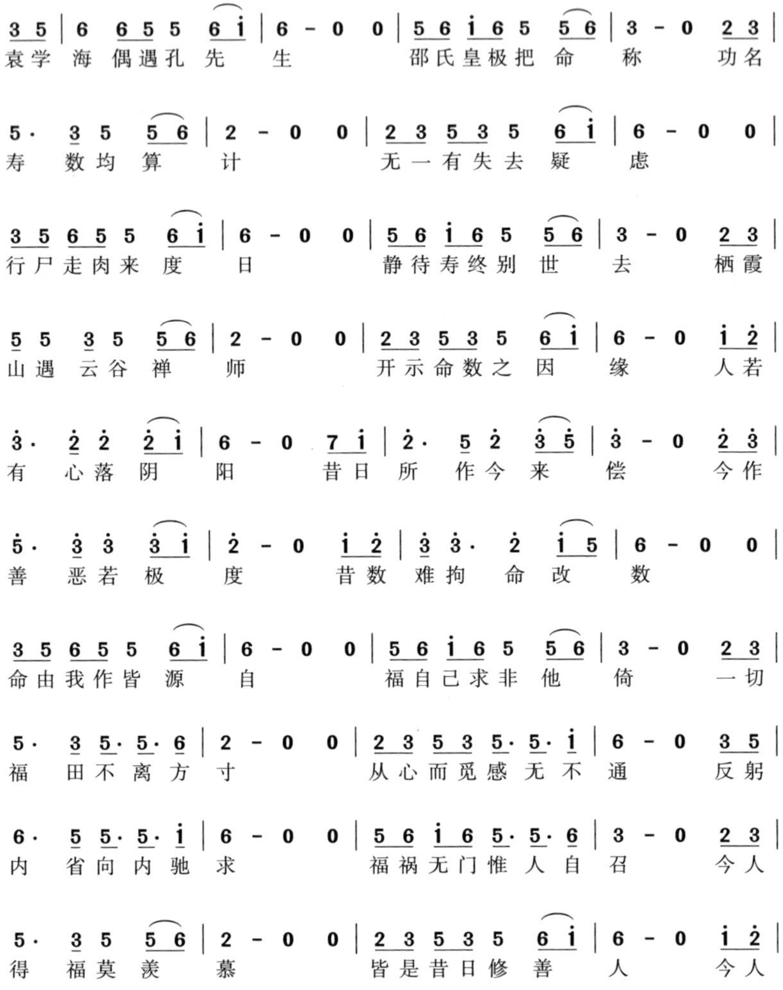

第二篇 改过之法

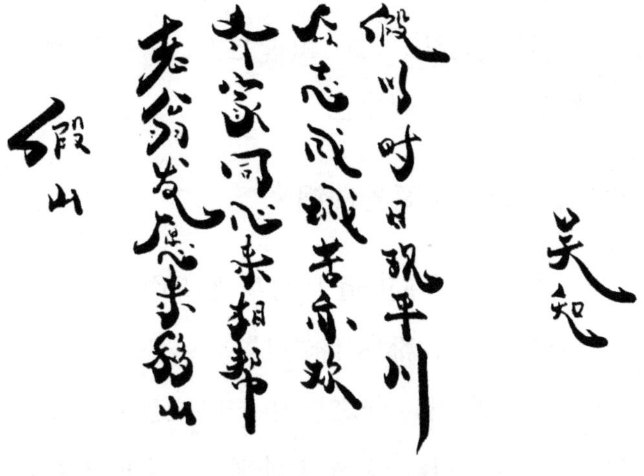

《改过之法》原文　　歌曲《了凡四训》

今天跟大家学习交流《了凡四训》第二部分:“改过之法”。

上堂课我们一起学习了第一部分“立命之学”，跟大家交流了三个问题：一、“了凡”的意思；二、“造命在天”的含义；三、“立命在人”的含义。这其实告诉了我们命运是什么和我们面对命运能做什么，这是大纲和主题。

如何立命？就是接下来几堂课我们要继续分解的。立命在人，既然在人，我们该怎么做呢？袁了凡提出了三个内容：一、改过之法；二、积善之方；三、谦德之效。我们今天就来分享“改过之法”。

改过，就像炒菜要先洗锅

“过”，就是不在正道上的身之所作、口之所言、意之所想，或左或右，都属于“过”。

“改”，是改正。身之所作、口之所言、意之所想，如果这三样不正，我们必须改过来。今天的主题就是如何改正过失、过错。

过失是由心念产生，因为没有定力、没有标准，所以在生活中经常因为自己的妄识心而偏离正道。这是我们要改正的原因。

我们来概括一下“改过之法”：

人非圣贤孰无过，知错能改善莫过。

春秋明者诸大夫，见人言动知福祸。

若言无例来佐证，《左传》《国语》可观甚。

刻薄过者常近祸，厚道存者福常获。

未定不可测言者，皆是俗眼多翳也。

善恶必定生福祸，未论行善先改过。

知错能改善莫大，过存善行无净化。

改过须存三心需，发耻发畏勇心具。

很多人认为，改变命运要从修善开始，但其实单纯修善不能改变命运。有句话叫“知错能改，善莫大焉”，意思是知错能改就是最大的善，没有比这个更好的事了。

好比锅没洗干净，煮出来的菜你会吃吗？菜再好，放再多配料，菜还是不干净的。放很多配料相当于修善，但是没有改过，善就是不纯的。

所以《了凡四训》先提改过，这个次第不能调整，改过在前面。这非常重要。很多人没有学这个次第，一开始就行善、做好事，没有先改过再行善的利益大。

孔子和渔翁说诗

“人非圣贤孰无过”，这句话应该是我们后人讲的。对圣贤而言，这句话应该是：人即使是圣贤，也有过。

孔孟是儒家的代表，孔子和孟子分别被称为儒家的至圣和亚圣。我们举两个关于他们的例子。

有一天，孔子带领子路和子贡到海边去玩。突然间下起大雨，一个渔翁把他们领进山洞避雨。孔子看到洞外景象，兴致勃勃，就作了两句诗："风吹海水千层浪，雨打沙滩万点坑。"

渔翁一听，说："不对。"他问孔子："风吹海水千层浪，你数过了吗？刚好一千层吗？雨打沙滩万点坑，你数过了吗？刚好一万点吗？不多不少吗？"

子路一听，很着急："圣人作诗，你敢乱说！"渔翁说："圣人有圣人的见解，但是圣人不是样样都能的啊！我会打鱼，他会吗？"

圣人与普通人有什么不同之处呢？圣人的心量大。孔子毕竟是圣人啊，一听，觉得有道理，自己确实没有数过千层浪，也没有数过万点坑。他就问渔翁："那要怎么改呢？"

渔翁讲："更改一个字就好了。"他脱口而出："风吹海水层层浪，雨打沙滩点点坑。"改得很好，孔圣人很赞叹！

然后渔翁对子路说："虽然作诗可以夸张，但好比唱歌一样，也是需要入境的。尽量合情合理，这个境就更容易进入。"说完，斗笠一戴，出海打鱼了。

孔子看着渔翁熟练的动作，想着渔翁对他的点评，这样说道："以前我讲过'生而知之'，这句话不对，要改成'知之为知之，不知为不知，是知也'。"

圣人就是圣人，听到别人对他的批评很开心啊，还马上作诗一首：

登山望沧海，茅塞豁然开。

圣贤若有错，即改莫徘徊。

这才是孔子的境界啊！这才是圣贤啊！只要是人，就会有过错，"金无足赤，人无完人"。但是犯了错马上改，不停留，不怀疑，不徘徊，这是孔子的境界。

"知错能改，善莫大焉。"圣贤跟凡夫的不同在哪里？"即改莫徘徊"是圣人，知错不改是凡夫。

孟子欲休妻

我们来看第二个故事，孟子的故事。我们知道孟子有位伟大的母亲，这位母亲为了给孟子找一个好的学习环境而三次搬迁，因而有"孟母三迁"的故事。孟母还是一个很明理的人。我们来看一个故事——"孟子休妻"。

有一次孟子回到家，没敲门，直接推开门，看到妻子叉着腿坐着。他就去跟母亲讲："我要休妻。"母亲问为什么。他说："妻子不懂礼仪，一个女人竟然叉着腿坐。"母亲问他是怎么知道的。他说："我一推开门就看到了。"

母亲告诉他："不懂礼仪的不是你妻子，而是你！为什么？人家都说，进门前要先敲门，要问：'有人在吗？'你有没有敲？没有。第二，进门后，也要高声宣扬：'有人来了！'你有吗？没有。第三，非礼勿视。进门应该低着头，不能直视，怕看到别人不太好的地方。你有吗？没有。不懂礼仪的人是你啊。"

孟子一听，马上忏悔："我错了。"从这里可以看到两点：一、孟子的母亲很了不起；二、孟子虽然也是圣贤，但他有没有过错？有。

连圣贤都有过错，我们有没有过错呢？当然有。一比较，我们每个人都必须承认自己有过错啊。

睁眼无知如盲

但过错，我们却经常看不到。为什么？"睁眼无知如盲"，我们的眼睛有问题。什么问题？没有慧眼。我们只有肉眼，没有慧眼，没有智慧的眼睛，所以看不到真相。

怎样才能生出慧眼？必须多听圣贤的教育。大家记住啊，如果我们认为自己没有过错，那是盲人一个。因为连圣贤都有过错，我们怎么会没有呢？没发现自己的过错，是因为我们没看到。

"春秋明者诸大夫，见人言动知福祸。若言无例来佐证，《左传》《国语》可观甚。"春秋时期，有些贤明的士大夫很有智慧，通过看人的言语动作就知道这个人有福还是有祸。关于这一点，可以查左丘明的《左传》和《国语》，里面记载了很多这样的事例。所以，人的言语动作可以决定人的福祸。

“刻薄过者常近祸，厚道存者福常获。”如果做人太刻薄，过失太多，那离祸就越来越近；厚道的人会经常得福，福就积得比较厚，“厚德载物”。你看地球有多少矿藏供我们人类世世代代开采，正是因为地有厚德载物的德行。

“未定不可测言者，皆是俗眼多翳也。”是说很多东西是不可以预测的，是因为我们凡夫的眼睛有问题，被遮蔽了。明智者可以从我们的语言、动作预测未来。

“善恶必定生福祸，未论行善先改过。”善和恶一定会分别产生福和祸。所以在行善之前，要先学会改过。就像跟大家打过的比方，炒菜前要先洗锅，如果等炒完才发现锅没洗，那么整锅菜都浪费了。

“知错能改善莫大，过存善行无净化。”知错能改，这个善是最大的。如果过存在那里，没改就去行善，这个善是不净的。

“善”犹如一个容器，在四种状态下是装不了东西的，即使装也装不了多少。

一、倒扣。容器倒扣，是装不了东西的。

二、有漏。容器是漏的，装东西就会漏掉。

三、不净。容器不干净，装了东西也没用。

四、器小。容器很小，包括两个方面：一是开口很小，倒不进去；二是体积很小。也就是我们讲的心量、心眼太小是结不到善缘的。

“改过须存三心需，发耻发畏勇心具。”改过必须存三种心：耻心、畏心、勇猛精进心。三心必须同时具备。

从以上这段讲解，我们要明白什么呢？第一，我们每个人，包括圣贤在内，都会有过错；第二，发现不了问题不是没问题，而是我们的智慧不足，我们看不到问题，“睁眼无知如盲”；第三，改过一定要发三心：耻心、畏心、勇心。

改过要发耻心

第一，改过要发耻心。

按次第来，第一步要自检。好比政府部门到企业检查，先让企业自检，自己先检查有没有问题。

第二步：自责。自检出来过失要自责：“为什么这个问题我当时没想到？”为什么要自责？为了加深印象，下次不要再犯。还可以进一步找原因：“我为什么会犯这个过失？”

接下来，第三步就是自改。自改又分两步：一、规划。“我怎么改？”二、实施。

自改是在发现了自己的问题后采取的措施。做规划必须先参学，参访学习，再产生对策。为什么要参学？因为如果没有参学，就不知道怎么改才是对的，有可能越改越错，因为我们没有标准。只有参学了，找到标准，才可能改成对的。

有些人错了，我们叫他改，你会发现他越改越错。比如叫小孩子做作业，你说他做错了，他完全有可能乱涂，把对的也涂掉，因为他不懂错在哪里。

自检完了，就可以了？还不够，还要他检，请别人给检查一下。换个说法，就是批评与自我批评。

别人检查出我们的问题，我们怎么对待？不能全盘接受，而要进行甄别。如果我们确实有错，有则改之；如果没错，无则加勉。不要别人一提，我就改，万一改错了怎么办？别人看到的也不一定是对的。有些人好像很谦卑，别人一提马上就改，这也是错的，也属于眼盲。

记住，要改正过错，必须有一个前提：善听，就是我们要经常听圣贤教育课。听课有什么作用？可以在这个过程中回光反照，发现自己的问题，然后予以改正。另外，也可以发现自己的优点，继续发扬光大。

把善发扬光大跟改过有什么关系？比如，善念也是一种善。如果我们当下的心念是善的，善念替代了杂念，念头都变成善的，恶的念头就没有机会了。所以，专心行善是改过的好方法，但前提是要善听，要知道何为善恶。

自检，怎么检查自己的问题呢？如果不懂方法，是检查不出来的。怎么找到方法？我们可以从简单的儒家“五伦十义”着手。五伦就是父子、兄弟、夫妇、朋友、君臣。现在没有君臣了，可以改成上下级，领导和下属。

父子：父慈子孝。从有没有尽责开始检查：“我作为父母，对儿女有没有尽到慈心？”“我作为儿女，对父母有没有尽到孝心？”

夫妇呢？“十义”里面是“夫义妇听”。我改了一下，改成“夫敬妇爱”。夫妻两人互相敬重、互相爱护、相敬如宾，这是夫妻间的相处标准。

兄弟呢？兄友弟恭。根据自己的位置去对照一下：“我有没有做到？”

君臣呢？上下级之间，有没有做到君仁臣忠？做领导的对下级有没有仁义？下级对上级有没有忠诚？现在很多人没有做到，为什么？因为利字当头，又没学过圣贤教育，眼中只有钱。

长幼之间，长辈对待晚辈要布施恩惠，做晚辈的要听从、尊重长辈。

自检是有标准的：

一、从理上来说，我们要依据圣贤的教育（圣言量），就是：“我做到没有？我该做成什么样？”

二、如果没有学过圣贤教育，怎么办？换个方式。什么方式？换位思考，切身体会。比如怎么才能做到父慈子孝呢？现在很多家庭都是三世同堂，想知道怎么做儿子，就想象一下儿子怎样对我，我会感受很好；想知道怎么对待儿子，就想象一下父亲对我提出这样的要求，我是什么感受。实实在在地体会，这是最土的方法，也是最好的方法。很多人还没有做父母，怎么办？观察别人做父母的状态。

自检必须有标准，否则检测半天，不知道是对的还是错的，那就很麻烦，有些是越改越糟糕。

这是我们对待过错的态度和改过的方法。

做廉颇一样的大丈夫

怎么生起耻心？我们从了凡的话中做总结：

> 古之圣贤同丈夫，何论他师我弗如。
>
> 知耻防过圣贤称，失此则似禽兽身。

同样都是人，为什么有些人做得就是比我好？为什么他受到别人的赞叹，我没有？有这样的比较，就会感到羞耻。知道了羞耻，防止了过失，就开始朝着圣贤的境界迈进了。不然，相当于禽兽身，就是俗话讲的“没资格做人”。因为人对于自己的不足之处会反省、改善，做错了事情会有惭愧心，而禽兽没有。

“知耻防过圣贤称”很有意思，我们应该听过这两个成语故事：完璧归赵和负荆请罪。

战国时期，赵惠文王从楚国得到一块和氏璧，这个消息被秦王知道了。秦王就写了一封信给赵王：“你把和氏璧给我，我把十五座城给你。”

接到这个消息，赵王就开了朝廷会议，商量给还是不给，很矛盾。当时秦国比较强大，赵国比较弱，如果不给，很有可能激怒秦国，秦国可能会派兵攻打赵国。但如果赵国给了秦国和氏璧，万一秦国不给十五座城怎么办？和氏璧就会白白给了秦国。

会上，有个大臣讲，他有个门客叫蔺相如，可以承担出使的重任。他说：“上次我犯了错，我想隐瞒，蔺相如告诉我不可以，说这样对我不利，所以我跟君王坦白了，君王宽恕了我。我觉得这个人很有见地，所以推荐他去办这个事情。”

蔺相如带着和氏璧出使秦国，到了现场发现，秦王果然没有诚意，没有给城的意思。所以他就抱着和氏璧对秦王讲：“如果你硬要抢和氏璧，我就把它摔到柱子上；如果你能兑现给赵国十五座城的诺言，我就把和氏璧给你。”秦王当场就答应给赵国十五座城，但蔺相如知道是假的，他说：“给你也可以，但是你必须吃五天斋表示恭敬，而且要举行正式交换的仪式。”

秦王觉得有道理，就同意了。但是在这五天里，蔺相如让仆从偷偷把和氏璧送回了赵国。五天时间到了，秦王来问和氏璧，蔺相如说：“已经送回赵国了。”秦王问为什么，蔺相如说：“因为你根本没有诚意。”

秦王也知道自己不可能舍得十五座城，虽然没有拿到和氏璧，但是他觉得蔺相如这个人有胆有识。为什么？和氏璧拿回去了，人没走。这让秦王很敬重他，没有杀他，不仅把他放回去了，还以礼相送。这就是“完璧归赵”。

蔺相如回国，赵王很高兴，就给封了上卿，超过了武将廉颇的位置。廉颇就很不服气，心想：“就凭两片嘴皮子，竟然位置在我之上，我要羞辱他一下。”

蔺相如知道了这个消息，为了不跟他对立，就躲着他，在路上遇到了也会绕道走。别人就问：“你为什么要躲他？你的位置比他高，你怕什么？”蔺相如说道：“秦王为什么不攻打我们赵国？就因为有我和廉颇。我俩一对立，赵国就危险了。”这话传进廉颇的耳朵，廉颇非常自责，他对自己把个人恩怨放在国家安危之上，感到很惭愧。

于是，廉颇脱下战袍，背上荆条，到蔺相如府上请罪，这就是“负荆请罪”。古圣先贤何以成为圣贤？廉颇虽然一名武将，但是通情达理，知错就改，这就是孔子说的:“圣贤若有错，即改莫徘徊。”

相比之下，当我们有过错时，能不能做到“即改莫徘徊”？

我们学习了《了凡四训》的改过之法，又从这个故事受到启发，做到闻过即改，一定能得到大利益。你看，廉颇向蔺相如负荆请罪，蔺相如对他非常敬重。直到今天，我们对廉颇都很敬重，廉颇得以名垂千古。所以我们学《了凡四训》，不仅仅是看热闹，而是要古为今用，把古圣先贤的教育拿来利益自己，这才是我们真正的目的。

佛家有个“发露忏悔”的法门，告诉我们忏悔的利益很大。有错就要忏悔，不要让我们的过失发霉、发酵，及时清除就好了。

改过要发畏心

第二，改过要发畏心。畏心就是畏惧心。

很多人是没有畏惧心的，心想:“我错了又怎么样？你没错吗？”以错攻错，以毒攻毒，这是非常愚痴的。你泼我一盆脏水，我泼你一盆脏水，两人都臭烘烘的，最后两败俱伤。

我们要有畏惧心。什么是畏惧心？内愧外法，谓之畏惧。

首先是内愧，就是内心产生惭愧。“愧”是“忄”加一个“鬼”，心里有鬼。心里有鬼怕不怕？当然怕。“为人不做亏心事，半夜不怕鬼敲门”，会怕，说明你有愧事。

所以要有畏惧，知道“我做错了”，心不安，一直处在恐惧之中，还有救。就怕错了还理直气壮，自作孽，不可活。我们要学圣贤“知错能改，善莫大焉”的胸怀和智慧。

外法，是外要畏法。畏什么法？

一、怕他人报复。当我们做错，想到会遭到他人报复，就会产生恐惧心，就会想办法改过。所以生恐惧心是为了更好地改过。

二、怕法律的制裁。触犯法律一定会受到制裁，只是迟与早的问题。如果一个人连法律都不怕，就没救了。

三、怕因果规律。因果是“纵经百千劫，所作业不亡。因缘会合时，果报还自受”，因果是没有期限的。

如何才能产生畏惧心呢？多闻，多观，多思。想一想：“犯了错会有什么后果啊？”我们就会去关注类似的案例，就有了参考，并引以为戒。

《了凡四训》告诉我们，改过须发畏心，发畏心还要敬畏神明。我们概括一下这一段：

天地鬼神难以欺，神通能观明暗区。

一切善恶皆明鉴，过甚百殃轻福减。

凡身在神皆透明，隐藏实是太无明。

知过发善可悔改，千年幽谷一灯明。

改过须在时速快，过而无身无可奈。

明则千年担恶名，暗则千劫沦狱行。

《了凡四训》讲了一个故事。从前有个书生，为人正直，心地善良，但是很贫穷。他希望有个地方能安心读书，于是选择了一个破庙。破庙很多人是不敢去的，可是他不怕，因为他没做亏心事。

有天晚上，他在读书的时候听到两个鬼在讲话。其中一个鬼很高兴地说："明天有个女人会来上吊，我刚好可以借她的尸骨还阳。"另一个鬼问："她为什么上吊啊？""因为这个女人的丈夫长期出门，没消息，她的公公婆婆以为儿子死了，于是逼着她改嫁。但是这个女人觉得对不起她的丈夫，不想改嫁，所以选择上吊。"另一个鬼一听，也为他高兴，说："恭喜你啊！"

书生一想，这不行啊。于是他马上回去把他的田地卖掉，然后以那个女人丈夫的名义写了一封信，同时寄了一些钱。那个女人的公公婆婆接到信，一看不对，不像他们儿子的笔迹，但又想："就算信是假的，钱没假啊，谁会寄钱来啊？可能是儿子太忙了，叫别人写的信。"所以相信儿子没死，不再逼儿媳妇改嫁了。过了没多久，儿子果然回来了。书生成就了他们这个家庭的完整。

过了两天，两个鬼又在讲话。第一个鬼说："这个书生坏了我的好事，我明明可以投胎的，被他阻挠，没办法投胎了。”另一个鬼说：“他这么过分，怎么不害他一下？”第一个鬼说：“我害不了他，他做了好事，阴德很大，阴司都尊重他，还派了阴神保护他。”

这个书生是明朝进士应大猷，后来官至刑部尚书，世人称“应尚书”。这个故事告诉我们什么？有的东西，我们看不到，不代表没有，所以不要以为天黑就能做坏事，觉得反正人看不见。人看不见，不代表神明也看不见。

千年幽谷一灯明

同时，也不要因为自己过错太多，就认为自己没希望了，无法挽救了，就开始泄气了。《了凡四训》里有个比方：“譬如千年幽谷，一灯才照，则千年之暗俱除。”黑暗了一千年的山谷，一盏灯一照，马上变得光明。很多人觉得，我这人没救了，做再多好事也没用，这就错了。改了就有用。

而且要记住：改过速度要快。珍惜改过的时间，否则，千年都要担恶名，连累子孙后代。

有些人去祖宗墓地扫墓，扫得很光辉。可是我们看秦桧的后代就很倒架子啊，他们的祖宗天天被人家吐口水，作为子孙后代都蒙羞啊。这是千年担恶名。

所以，如果不改过，对自己是很不利的。要记住啊，改过不是好了别人，而是好了自己，让自己不要受太多苦难。

这是关于畏惧心，我们必须明白的。

改过要发勇心

第三，改过要发勇心。

我们依然概括一下这部分内容：

人须改过需勇心，怕前畏后皆妄心。

芒刺在身须速取，毒蛇啮指当斩弃。

瞻前顾后虚名利，丝毫凝滞祸将近。

这告诉我们改过为什么要有勇心。

我看过一个综艺节目，有很多明星参加。节目组的人先带他们看蹦极，然后告诉他们，每个人都必须跳。他们在看别人蹦极的时候挺高兴的，但是自己蒙着眼睛跳就不行了。有个明星的腿都开始抖了，他一直往后挪，最后被人家推下去了。结果什么情况？居然连一米高都不到，下面还有保护措施。有个女明星就很坦然，一跳，没事。

这告诉我们什么呢？很多时候我们以为是万丈深渊，但是当我们真跳下去会发现，其实不是的。改过也是一样，我们往往以为后果很严重，会想："我现在说出我的过错，他会不会嫌弃我？会不会看不起我？"可是当你说出来，可能什么事都没有。

勇心是什么？既然已经犯错了，就要勇于承担。

轻的过错就像一根刺在身上，要不要马上拔出来？会不会想，等一下再拔出来？不会吧？有过错就要有“芒刺在身”的感觉。

重的过错呢？毒蛇咬到了手指，你会不会想，等一下来处理？还是会马上把手指剁下来？要有这样的决心和思维。改过不能瞻前顾后。就像那个节目里的蹦极一样，反正要跳，你不跳，别人也会推你下去。有时我们可以做主，当我们的过失深重，我们就做不了主，会被逼着承受后果。所以改过不能有丝毫迟疑。

改过的次第和方法

我们概括一下改过的次第：

三心具足过斯改，春冰遇日痕无在。
过改次第有三途，事理或心各不同。
就事改事强为之，犹如割草春生枝。
未禁其事先明理，知法不犯过自止。
万法皆由心所生，万恶枝叶心为根。
枝伐叶摘无济事，心亡罪灭两俱空。
事下心上理为中，执下昧上实拙公。

过改了，就像春天的冰，遇到太阳就融化了，不留痕迹。不改，永远有痕迹。

改过的次第：事上改，理上改，心上改。

“就事改事强为之”，就事改事，勉强去做，这是第一种。今天有这个错误就改这个错误，明天有那个错误就改那个错误，但是因为我们的错误随时都会发生，所以这样改错很累。能不能改？能，只是效果不大。而且犹如割草一样，春风吹又生。

接下来是从理上改，理上明了，事相上就不容易犯错。

第三是从心上改。

我们用“杀生”来举例说明这三种改过的方法。

比如说今天告诉你不能杀鸡，你就杀鸭。叫你不要杀鸭，你就杀鱼。实在没得杀，蚊子也要打两只。如果单从事上就很难改，很多人甚至想不通：“鸡跟鸭都是人吃的，为什么不能杀？如果不杀，大家都不吃，它们到处跑怎么办啊？”所以就事论事很难改。

从理上来讲，这些鸡、鸭、鱼有没有兄弟姐妹？有没有夫或妻？有没有孩子？我们把它们杀了，它们的家人会不会伤心？好，明白了道理，我们会不会杀？至少怕杀。这是理上明白了。

心上呢？当你对整个理完全明了，习惯不杀生了，已经没有杀和吃的概念，其实已经不存在要改的地方。对理的明了到了很熟练的程度，对事相的行持到了很到位的程度，理事相融，心就改变了。有点儿像“心亡罪灭两俱空”，心没有了，罪也没有了，都空了。这是从心上改。

“万法皆由心所生”，所有的相都是由心想而生，这是真相。这很容易理解，比如说我们不开心的时候看谁都不顺眼，都是我们自己的心造出来的；开心的时候看谁都顺眼，也是心造出来的。

所以改过有次第，一是事上，二是理上，三是心上。根据个人情况，可以结合起来。也不是说明白理了，事上就不做了。因为事上要完全做到没这么容易，必须不断明理、做事，明理、做事，然后慢慢做到理与事的统一。

所以，三者不能绝对地只取一样，可以同时做。最高的是心上改；心上做不到，就理上改；理上也做不到，就事上改。总之，要改过，要日新，日日新。

改过的两个助缘

我们来学习改过的条件。

改过须感良缘助，明有良朋暗神度。

昼夜不懈来改过，克期必有效验货。

改过也不能单独进行，最好有两个助缘：

一、朋友、善知识会给你指点、帮忙。这样改过就比较容易，这是看得见的助缘。

二、要有看不见的神明相助。

怎么取得这些明的和暗的帮助呢？明的，我们要广结善缘，多交朋友，多帮助人，多个朋友多条路，不要结怨。

暗的，不要亵渎神明，比如一些牌位、神位，不要乱动、乱说、乱骂。看到寺庙应该礼敬，不要说不相信、不搭理，甚至还吐口水。向他们问个好，不要得罪他们。

再比如扫墓，不要放鞭炮。你“噼里啪啦”地放鞭炮，祖宗心里想：“你不来就算了，来了还提着东西，非常客气，我正要吃的时候，你把我炸掉，这是标准的鸿门宴！太可恶了！”所以要告诉我们认识的人，扫墓不要放鞭炮。

我们客家人有一个风俗：年三十晚上，到了时间就开门放鞭炮，迎春接福。原来我也傻乎乎的，把门打开去接福。福神刚进来，鞭炮一放，福神就被炸跑了。现在我学聪明了，我不放鞭炮，每次我把门打开了干什么？别人都放鞭炮，福禄寿三神没地方跑，就全部往我这边跑。因为我不放鞭炮，专门收留他们。年三十大丰收！

周处：从恶人到善人

前面我们讲了改过三心、改过次第、改过条件等内容。我们知道改过是很重要的，再来看个故事。

晋朝有个大将叫周处，他原来在乡里横行霸道，是个恶人。当时他们村庄有三害，哪三害？山上有一只老虎很会吃人，还吃家里养的牲畜。水里还有一条龙，经常兴风作浪。还有一个就是周处。一个是恶虎，一个是恶龙，一个是恶人，合称“三害”。

村民们想：“这三害怎么办呢？最好能三恶相争，能除掉一个算一个。”于是就怂恿周处：“你武艺这么高强，天下无敌，谁都打不过你。你去把老虎杀掉，我们村里就给你送大礼，所有人都听你的。”

高帽一戴，周处说：“老虎有什么好怕的？”然后拿着武器上山了。真的不错，把老虎射死了，除掉一害——恶虎。

村民又劝周处去除龙。他又下水里，追了三天三夜，把龙射死了，又除掉一害——恶龙。

百姓们都很开心，恶虎没有了，恶龙也没有了，周处三天三夜都没回来，恶人应该也没有了。没想到，第四天周处回来了。周处心想，大家肯定鼓乐相迎，没想到都愁眉苦脸的。他了解了情况，生出了忏悔心：“原来大家是叫我去送死啊，没想到大家这么讨厌我、这么恨我，竟然把我看得比老虎还可怕。”他生出了惭愧心，发愿从此做个好人。

后来他改正了错误，不断地做善事，最后到朝廷做了将领，报效国家。这是西晋时候的故事，周处是真有其人，历史上有记载。恶龙和恶虎是不是真的，就不知道了。

很多人说：“如果我的过错都改了，会出现什么现象？”我们来看《了凡四训》的原文：

“或觉心神恬旷；或觉智慧顿开；或处冗沓而触念皆通；或遇怨仇而回嗔作喜；或梦吐黑物；或梦往圣先贤提携接引；或梦飞步太虚；或梦幢幡宝盖。种种胜事，皆过消罪灭之象也。”

大家有没有这种感觉？过错改了，是不是心旷神怡？是。为什么？没有隐患了。遇到怨仇，我们会由原来的害怕变成欢喜；或者做梦吐出黑物；或者做梦和圣贤在一起；或者做梦在太空飞来飞去；或者梦到幢幡宝盖。种种胜事，都是过消罪灭的迹象。

但是，即使有这些迹象，也不能止步不前，要更加精进。了凡先生告诉我们：“不能执此自高，画而不进。”不能满足于现状，甚至贡高我慢，重新造恶。

蘧伯玉：圣贤人的境界

古人蘧伯玉是改过的先贤。我们来概括一下他的故事：

昔蘧伯玉孔圣称，日新月异改过深。

二十已尽五十非，只因识过不同规。

吾辈枉思无过失，只因习重无察知。

若是细细而品之，一切昭然苟自知。

春秋时期，卫国的一位圣贤叫蘧伯玉，跟孔子是非常好的朋友。孔子每次去卫国都会去拜访他，曾在他家住过两次。蘧伯玉二十岁的时候，觉得过错已经全部改完了；到了二十一岁，发现二十岁的过错还没改完，他就继续改过；到了二十二岁，发现二十一岁的过错也没改完；到了五十岁，回头看四十九岁，还觉得过错很多。

我们可能觉得奇怪："怎么越改越多了呢？"其实不是因为他的过越来越多了，而是他在改过的同时，境界提升了，看待过失的标准不一样了，深度不同了，看到的真相不同了。很多人认为自己没有过失，那是因为对标准不明了。

"吾辈枉思无过失"，我们认为自己没有过失，那是因为习性太重了，无法察觉到过失。甚至有了过失，也会推给别人："是他惹了我，我才发火的。他不惹我，我怎么会发火啊？"是不是这样？我们自己发火造恶，把过失推给别人。

我们作为凡夫，怎么会没有过失呢？"若是细细而品之，一切昭然荀自知"，细细品味，一切真相就昭然若揭。

如果过失很重，会有什么体验呢？我们看原文：

"吾辈身为凡流，过恶猬集，而回思往事，常若不见其有过者，心粗而眼翳也。”我们都是凡夫，每个人的过失就像刺猬身上的刺一样，全身都是。为什么回首往事看不到过错呢？是因为我们的心太粗，眼睛被遮蔽了。这是真相。

“然人之过恶深重者，亦有效验。”会有什么效验？

“或心神昏塞”，昏头昏脑，心神昏沉，想问题想不通，有堵塞。记住啊，每当这个时候，不是我们太累了，而是过恶太重。

“转头即忘”，很多人说：“我这人很健忘，一转头就忘事。”这也是过恶太重。

“或无事而常烦恼”，没人惹你，你却老是愁眉苦脸，老是抱怨、发火。什么原因？过恶太重。

“或见君子而赧然消沮”，见到君子、品德高的人，你会不好意思，脸会红，心会虚。很多人怕见人，为什么？同样因为过恶太重。

“或闻正论而不乐”，听到别人讲正事，你会不开心，也是因为过恶太重。

“或施惠而人反怨”，你帮了人家，人家反而讨厌你，也是因为过恶太重。

“或夜梦颠倒”，做梦老是梦见一些颠倒的、不好的事情。

“甚则妄言失志”，讲话前言不搭后语。

“皆作孽之相也”，以上全都是过恶太重的表现。

“苟一类此，即须奋发，舍旧图新，幸勿自误。”其实这些只是一部分，真正来说，还有很多表现。当有不好的征兆出来，都是过恶重的体现。比如走路莫名其妙摔一跤，头莫名其妙撞一下，诸如此类，不能一一列举。

我们来总结一下：

人非圣贤皆有过，知错须改莫懒惰。

耻畏勇心三同具，事理心上依次第。

善恶祸福莫轻视，或醒或梦无间滞。

奋发图新莫自误，生生幸福平安路。

“人非圣贤皆有过”，人不是圣贤，一定都有过错。这一句是知过。

“知错须改莫懒惰”，这一句是改过。

“耻畏勇心三同具”，告诉我们如何改过：须耻心、畏心、勇心三者同时具备。

“事理心上依次第”，可以从事上、理上、心上来改，我们可以根据自己个人的能力，依次第去改。

“善恶祸福莫轻视”，对于善恶、祸福，不要轻视。

“或醒或梦无间滞”，醒着的时候、睡觉的时候都不要间断断恶行善，要时刻牢记善恶的标准。很多人说：“做梦时怎么行善啊？”其实做梦也可以行善，做梦也可以帮助人家啊。有些人经常帮助别人，做梦也会帮助人，因为习惯了。平时造恶的人，做梦会不会造恶？会，也是因为习惯了。日有所思，夜有所梦，都是习惯使然。

“奋发图新莫自误，生生幸福平安路”，我们要奋发图新，千万不要误了自己，这样一生一世都走幸福平安路。

天宝：浪子回头金不换

接下来给大家讲一个故事。

明朝有个叫天宝的人，他的父亲原来是财主，很有钱。天宝仗着父亲有钱，不学无术，好交狐朋狗友，大肆挥霍，天天糟蹋自己的福报，别人劝他节约点儿他也不听。父亲死后，他变本加厉，天天毫无节制地招待狐朋狗友，最后财富全部败尽，变成了乞丐。

这个时候他发现不对，以前称兄道弟的人都不见了。他开始反省，觉得不能这样下去了，发誓要自强自立。以前不学无术，现在借书看，开始学习。有一次他借书回家，饿晕在路上。有个王员外经过，看他很可怜，就把他领回家，供他吃住。看他人不错，又有点儿文化，就请他教女儿腊梅读书。

没想到这个腊梅一点儿也不辣，很温柔，长得又很漂亮。天宝很喜欢腊梅，旧态复萌，开始动手动脚。腊梅一看这个人不行，就报告给她父亲。王员外不好直接赶他走，就想了一个办法，对他说：“天宝，你帮我做一件事情。”天宝说：“可以。”“你帮忙把这封信送给我表哥，送完就回来，这二十两银子作为盘缠。”天宝本来不想去，因为一去就要离开腊梅。但是没办法，已经答应员外了，不能反悔，而且受人滴水之恩，应当涌泉相报。

他就想：“那就早去早回。”他问员外他表哥在哪里，员外说：“苏州一座拱桥边上。”他没去过苏州，以为只有一座拱桥。没想到到苏州一看，到处都是拱桥。他找了几个月，银子也花完了，还是没找到。

他就想：“这封信究竟是什么内容，这么重要，要我这么远送来？”打开信来一看，里面写了四句话：

当年路旁一冻丐，今日竟敢戏腊梅。

孔桥边上无表兄，花尽银两不用回。

意思是说：当年路边一个快冻死的乞丐，竟敢调戏我的女儿腊梅，拱桥边上并没有什么表兄，钱花完了就不用回来了。

天宝觉得被戏弄、受侮辱了，就想自杀。转念一想：“不对，我一个大男人怎能因这个自杀呢？东家对我也不错，我得想办法赚钱，还他二十两银子。”然后他开始发心改过，并且边读书边赚钱。通过几年的努力，再加上天分不错，三年后考上了举人，当官了。

他很风光地回去找到王员外，把钱还给他，向他感恩和忏悔：“感恩员外当年收留之恩、救命之恩。没有员外就没有我的今天啊！当年我不应该那么做。”接着，他说：“当年那封信没送出去，现在还给您。”东家拿起信来一看，后面多了四句话：

三年表兄未找成，恩人堂前还白银。

浪子回头金不换，衣锦还乡做贤人。

王员外一看，不错，考上了举人，而且人品也不错，很忠诚，他很高兴，就把女儿许给了他。

所以我们看，改过的利益是很大的。

包括舜帝当年，虽然受尽继母和同父异母的弟弟的迫害，但他总是在想：“肯定是我错了，他们才会这样对我。我到底错在哪里？”舜帝位居二十四孝的榜首，德行这么高，还一直不断地寻找反省的过失。

因为他的德行好，尧帝把两个女儿娥皇、女英嫁给了他，还把王位也传给了他。所以，“吃亏是福”“知错能改，善莫大焉”是没有错的。

了凡四训

吴知 词
王波 曲

1=B $\frac{4}{4}$
抒情地、虔诚地

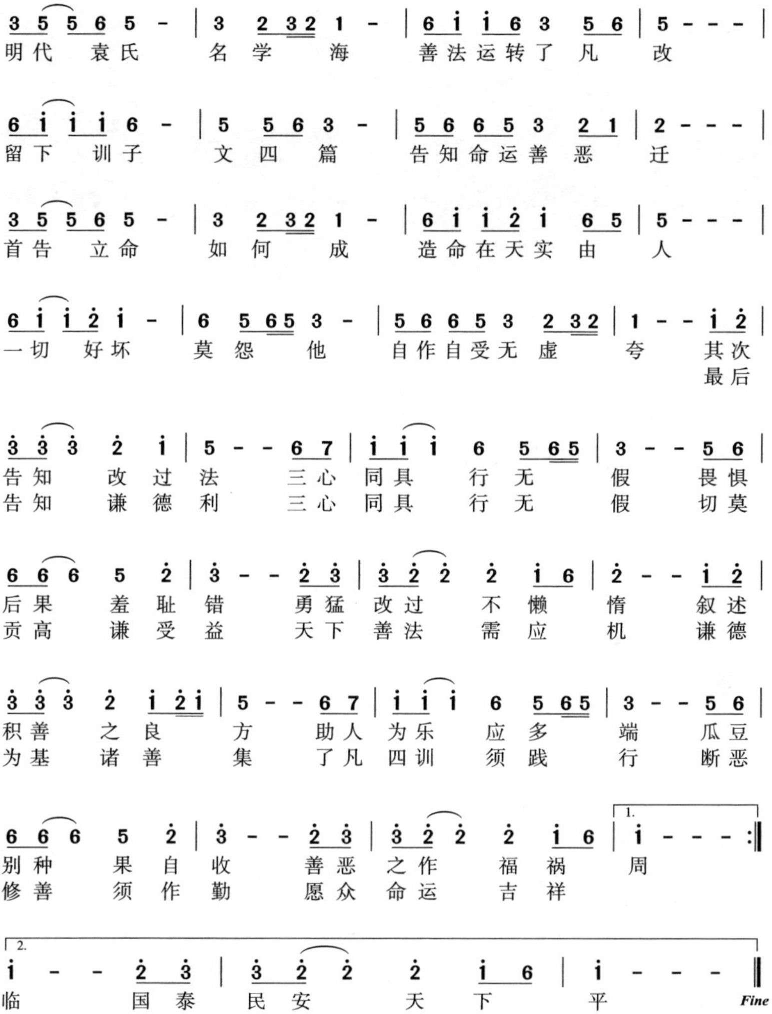

第三篇　积善之方

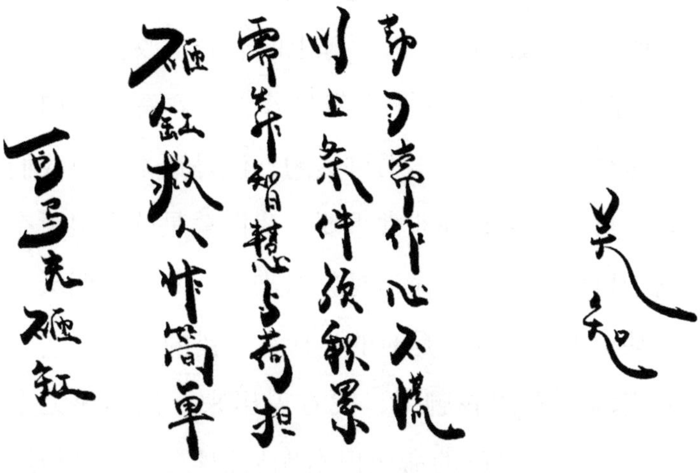

《积善之方》原文　　歌曲《善类须知》

今天我们学习交流《了凡四训》的第三部分:“积善之方”。

前面三堂课我们讲到了“立命之学”和“改过之法”。

“立命之学”,讲了我们的命运是怎么来的,怎么改变命运。

“改过之法”,是讲为什么要改过,修善必须改过,犹如炒菜前必须洗锅。改过须具足三心:耻心、畏心、勇心。改过的方法有事上改、理上改、心上改。

《了凡四训》这本书,我推荐大家看看。我们仅仅用五堂课是不可能把整本书讲透的,但是这本书对我们每一个人、每一个家庭都非常重要。我们总是感觉很无奈地活在这个世间,不知道命运是怎么来的,不知道明天会怎么样,甚至不知道什么是对的,什么是错的。

有时朋友跟我聊天,我看得出来,他们很无奈,一脸的愁容,对自己的命运根本无从把控,所以感觉很苦。《了凡四训》这本书告诉我们很多改变命运的真相和方法。

上次学习了洗锅,今天就要开始学炒菜、上菜了。

很多人认为,积善很简单,只要做好事就可以了。你们有没有碰到做了好事被人家骂的?有。有没有听说做了好事被人家打的？有。

很多人说是运气不好。那运气不好怎么来的？为什么人家扶一下老人能上报纸，还能领奖金，为什么你却被打一顿？我们总是会用“莫名其妙”“运气不好”来搪塞，其实不是这样的。“一饮一啄，莫非前定”，一切都有定数。定数是怎么来的？是自己决定的，不是老天安排的，这在第一堂课分享过。

善的含义

首先要明白何为善。我们来看善的含义。

> 慈眉善目绵羊身，淡泊名利无纷争。
>
> 舍我利他无别分，高尚品德天下称。

这是善。“善”是“羊”字头，“羊”是“善”字的主体。“慈眉善目绵羊身”，我们的性格要像绵羊一样，不要太刚强。很多女人认为刚强是最好的武器，其实不是，女人的武器是“柔”。《霸王别姬》有一句歌词：“你用柔情刻骨，换我豪情天纵。”要想家庭和睦，必须阴阳得位。如果阳不阳、阴不阴，家庭就不和睦。

“善”，从结构来看，是一个“羊”字、一横和左右两个点，底下一个“口”字，“口”表语言。意思是一个人因其优良品质而左右逢源，得到很多人的称赞，叫“善”。

善，怎样才能做到呢？必须淡泊名利，人到无求品自高。只有无求，才不会起对立，才不会有纷争。有所求，就会有对立，是一种抢夺。所以，“淡泊名利无纷争”。

很多人讲：“我淡泊名利会不会吃亏？”不会。该是你的，谁也拿不走。就像银行卡一样，卡被拿走了，密码还在你这里，别人拿不到钱。以后可能连密码都不要了，靠脸（刷脸）。

俗话讲：“君子乐得为君子，小人冤枉做小人。”你们过年有没有贴过一副对联，“吃亏是福，人亏天补”？这话真实不虚，接下来会有很多公案来印证。

“舍我利他无别分”，舍去自己的利益，把利益给他人，没有分别。不要说这是我亲戚，那是我朋友，然后帮亲戚帮朋友；也不要说这是我朋友，那不是我朋友，然后只帮朋友。如果是这样，可能哪一天你就会出问题，有可能你的朋友出卖你，你的亲戚出卖你，反而是陌生人帮助你。

我们要无分别，这样才心里踏实。为什么？俗话说：“多个朋友多条路，多个冤家多绝处。”尽量帮助他人，不管是谁，不要有分别，因为得道多助。

“高尚品德天下称”，如果品德高尚，人人称赞，你的日子就好过了。

所以记住善的标准，就是这四句话。

我们可能一下子做不到“天下称”，但如果我们是善的，一个人，两个人，三个人，十个人称赞，慢慢地天下人就都称赞我们了。如果有称赞我们的，也有诽谤我们的，那就要考虑我们是不是有地方做得不到位。当然，也有些人是故意诽谤，则另当别论。有句话叫“公道自在人心”，人心是最好的评委。

第一个是善的含义。第二个呢？知善，善善。

积善是量变的过程

知善，就是我们要知道何为善恶。善善，就是要善用善，善于使用善。“知善，善善”，四个字，有三个善字。

跟《大学》里“明明德”一样，两个“明”，一个是动词，一个是名词。“善善”，一个是动词，一个是名词。善善是知道善的标准以后，善于去做善、积善。

为什么要积善？我们都知道，要想发生质变，一定要有量变的过程。量变要不要积累？所以积善是量变的过程。积善到一定程度，会发生质变。那就得到什么？善果。

我们不能今天做了一点儿好事，没有得到人家的认可，就生怨气。一锅水，才燃一把火，就想让它开，可能吗？不现实。菜刚种下去，明天就想摘，可能吗？不现实。很多人为什么做善事坚持不下去？就因为性子太急。

“心急吃不了热豆腐。”吃豆腐吃得很急，第一口太烫，吃下去了，第二口就吃不下去了，连凉豆腐都吃不了，因为喉咙烫伤了。所以行善不要急。

我们看袁了凡，第一次三千件善事做了十年，挺有耐心的，十年才完成。积善要坚持，循序渐进。

积善之家，必有余庆

积善之家必余庆，积恶之家必余殃。

善恶之间须分明，修善断恶不盲行。

“积善之家必余庆”，只要我们种了善因，一定得善果。为什么？道理很简单：“种瓜得瓜，种豆得豆。”所以只要我们不断地种，是不是吃不完，有剩下的？这就叫“必余庆”。

“积恶之家必余殃”，《易经》的原文是“积不善之家，必有余殃”，但为了工整，我们改成了“积恶之家”。父辈欠债，儿孙要不要还钱？父母被人家打，儿子上前帮忙，儿子会不会被人家打？父辈不会做人，儿孙出去老是被人家戳着脊梁骨骂，有没有可能？都是这个原理，“积恶之家必余殃”。

“善恶之间须分明”，要把善恶的标准分清楚。我们有时会“认贼作父”，以恶为善，以善为恶。

所以“修善断恶不盲行”，不要盲目地去修善断恶，而要穷理（明白道理）而行善。

这里再补充一点。余庆有两个意思，一个是自庆，一个是他庆。自庆又分两种：一、今享后续；二、今作后享。

“今享后续”，是现在能享受到，以后还能继续享受。可能很多人不信，我们来做个比喻：同学之间有没有比你长得丑的？有。有没有比你笨的？有。有没有又比你丑，又比你笨，可是他家很有钱，日子比你更好过的？有。凭什么？就是因为有余庆。

很多人说：“老师，我觉得这句话不对，有些人做了一辈子好事，到死都没有过到好日子。”对此应这样理解：做好事没有享受到，富贵会留待以后再享，这叫“今作后享”。回去换一套比较富贵的衣服，回来再坐在上席。老话说：善有善报，恶有恶报，不是不报，时候没到。

他庆是什么？他庆是一荣俱荣。如果你很会做人，那么家人也能得到好处。你被尊重，家人也会被尊重。

余殃也是如此，一种是自殃，一种是他殃。自殃是自己被人打，他殃是自己的亲人被人打。同样，余殃还分两种：一种是现在被人打，以后还被人打，因为没有打完；另一种是现在不被人打，以后被人打。

我们学到这些很有好处，不要抱着侥幸心理，“天网恢恢，疏而不漏”。也不要怕做了好事没人知道，因为同样是“天网恢恢，疏而不漏”。

不利己的善，不是真善

可能很多人觉得这个理比较深。简单地说，何为善？记住，很简单：利他利己方为善。很多人说："这话不对，我们讲利他就好了，不要讲利己。"其实，不利己的善，不是真善，因为没有利他不利己的善。

如果是真善，利他的同时一定利己，但是我们不求利己。有些人做好事不留名，可是会被人家发掘出来，是不是？不利己都不行，这是因果关系。

所以我们不要喊口号："我利他，不利己就好了。""我不要好处，别人有好处就好了。"记住：你让别人好，你一定好。如果为了大众做好事，回来却气得半死，那么做好事的动机一定不纯。

这是第二步：知善，善善。

第三步，我们来认识善的种类。

何谓真善，何谓假善

《了凡四训》中云谷禅师是得道高僧，不管是儒释道哪一家，只要讲得有道理，我们都听。云谷禅师告诉我们，善有十六种：真假、端曲、是非、偏正、半满、大小、难易、阴阳。这十六种是八个对立关系。概括而言就是：

善有真假端曲分，是非偏正半满称。

大小难易当深辨，穷理阴阳不枉费。

我们一个一个来理解。

1.真假

“利公无为名真善，利己有为称假善。”专门利益大家，个人没有任何索求，一心为公，就是真善；只要夹杂了自己的利益，就属于假善。

但是不求利益，自己能不能得到利益？一定可以，只是我们不求。《道德经》告诉我们：“无为而无不为。”没有所求，却会得到很多。如果为了利己、为了交易，不管做再多善，都是假善。

这是真假的大类。我们再看一些小的类别。

2.端曲

“刚正不阿谓之端，曲己奉承为曲方”。古代很多忠臣，像唐朝的魏征，有什么说什么，即使会被杀头，都要说出来，因为他不为自己，而是为了利益天地之间的苍生，所以是端善。

什么是曲善？比如奸臣用好听的话把皇帝哄得很开心：“您的这个决定很英明！万岁万岁万万岁！”同治皇帝只活到十九岁，顺治皇帝只活到二十多岁。哪个皇帝能活到万岁啊？这些奸臣阿谀奉承，表面看似在行善，其实是曲善。如果按真假分，端为真，曲为假。

3.阴阳

善分阳善和阴善：

广让世知为阳善，名不副实奇祸降。

默然行之积阴德，天地敬报福果得。

比如说，做点儿好事就上报纸到处宣传的，是阳善。如果名不副实，就会有奇祸降临。

四川有个叫刘汉的富翁，他在2003年登上了胡润百富榜，拥有五家上市公司，一家在国内，四家在海外，全资或控股的企业有三十多家。他在2008年和2009年都登上了慈善榜，2008年捐了1.27亿做慈善，2009年捐了2.09亿，这是大慈善家啊。可后来案发了，因为受贿、行贿，组织、领导黑社会，2015年2月被枪毙了。

从照片上看，他被抓之后哭了。为什么？这么多钱花不到了，早知道这样，当乞丐也甘愿啊。这是阳善。他的名声太大，登上了慈善家的排行榜，但是他名不副实，所以奇祸降临。

“默然行之积阴德”，有没有呢？有。唐朝有个叫裴度的，有一次去算命看相，相士说：“你这个人是劳碌命、乞丐命，会死得很惨。”裴度是教书的，一听就觉得没劲了，对生活产生了懈怠心。

有一次他去庙里，看到一个女人在拜佛，拜完就走了，但是金衣带放在桌子上忘记拿了。他就把金衣带收起来，坐在那里等。等了很久，那个女人回来了，一来就在那里哭。他就问她："你在哭什么？"

那个女人说："我公公病了，我好不容易借到一条金衣带，准备拿到当铺里去当了换钱。没想到，金衣带丢了，不见了。我公公怎么办啊？我家怎么办啊？"这时裴度把金衣带还给了她。那个金衣带是很值钱的，这么贵的东西他没有贪着。

回去的路上，裴度刚好经过那个相士门口。相士很惊讶地问："你这段时间是不是做了什么好事啊？气场都不一样了，你将来一定出将入相！"

裴度一听，说："你前几天才说我乞丐命，今天又说我出将入相，怎么可能呢？"

裴度做了好事，整个场都变了。他做的事情没有跟人宣扬，属于阴德，命运因此改变，后来成了唐朝很出名的一位宰相。

我们再讲一个佛家的故事。

有一天，老和尚突然跟小和尚说："明天你就回家去待七天，第八天再回来。"为什么？老和尚很有修行，预知到这个小和尚七天内会死，所以让他回去见见父母。

小和尚很听话，就回去了。没想到第八天，小和尚又回来了。老和尚心想：“不对啊！”就问小和尚：“路上发生了什么事情？你跟我说一下。”

小和尚说：“没发生什么事情啊。就是回去的时候碰到下大雨，河边有一窝蚂蚁快被水淹了。我就把衣服铺开，让蚂蚁爬上来，然后把蚂蚁放在安全的地方。”老和尚就对他说：“怪不得，这窝蚂蚁救了你的命。”

小和尚救了蚂蚁，没想到反而救了他自己的命，所以阴德是“天地敬报福果得”。我们做了好事，不一定要到处去宣扬。

4.是非

春秋时期，孔子有两个很出名的学生：子路和子贡。他们有一段故事告诉了我们善的是与非：

子路拯溺得牛礼，引领时风为是善。

子贡赎人不受金，流足害人为非善。

这个故事很多人都知道。当时鲁国有一条规定：任何人到了外国，如果看到本国人被买去当奴隶受辱，只要把他赎回来，就会受到奖励。

子贡很不错，发善心把一些人赎了回来，但是不要奖励。这件事情孔子知道了，把子贡骂了一顿：“你这样做就没人救人了。为什么？因为你堵了人家的发心。”子贡很有钱，可以不要奖励。可是普通人赎了人，如果不要奖励，做好事的动力不足且得不到肯定；如果要了奖励，好像德行上又不如子贡高尚。所以赎人时就会犹豫，可能就不赎了。

这个故事，我觉得可以延伸。很多人很客套啊，比如你帮了他忙，他为了感谢你，请你喝杯茶，这时你说：“不喝不喝。”他很难过的，知道吧？下次就不敢叫你帮忙了。人家给你糖果吃，给你水果吃，你该吃就吃。给你红包，实在推不了，就拿回去种福田。这样就跟人家结个善缘，不然人家会怕你，认为你高高在上，很难亲近。

子路就不一样了。有人掉到河里，子路把他救起来了。那个人送给子路一头牛，子路很开心地把牛牵回去了。孔子说：“不错。”为什么？他这样做，人家就愿意去救人啊。

虽然看似有交易，但是为了引领风气，需要提倡救人得到好处。引领时风很关键啊。

这是善的“是”和“非”。子路救人得牛礼，做得对，为是善；子贡赎人不领奖励，为非善。

5.偏正

善也分偏和正：

> 懿公善心造恶事，醉汉断头为善偏。
>
> 某富荒年惩乱民，事恶乱止正中善。

明朝有位大臣，官至翰林院学士，名叫吕原，谥号文懿，人们非常敬仰他。他退休回到老家，有一天碰到一个醉汉，这个醉汉可能看不惯他家这么漂亮，就大骂他。吕文懿公想："宰相肚里能撑船，不要计较了。"于是把门关了，没理醉汉。

一年后，吕文懿公听说那个醉汉因为犯了死罪被斩首了，就很懊恼："早知道那时候惩罚他就好了，他就不至于这么放肆地去造恶。"为什么？那个醉汉可能会想："吕原这么大的官我都不怕，还会怕谁？"所以吕文懿公的宽容助长了他的恶气，表面上是善，实际上偏了，这叫正中偏。

另一个故事是，有一年遇到荒年，很多饥民到处抢东西吃。有个富翁向县官申报，县官不受理。无奈之下，富翁自己组织了民兵团，谁抢就把谁抓起来打。于是没人敢抢了。按理说，私设公堂是不对的，打人也是不对的，可是富翁这么一做，整个社会安定了。这也是善，叫偏中正。

很多家长什么都满足孩子，是不是善？不是，是正中偏。用严厉的方式，把孩子教育明白，这是什么？偏中正。有时候我们不懂该怎么做，是因为不懂善还有这么多种类，有偏和正。

6.半满

善分半善和满善：

心不着善勤为积，滴水穿石终现绩。

有偏之心善恶伴，终其一生难过半。

如果你做了善，心中却不着于善，一个念头都没有，乃至没有善的概念，就是满善。如果你心中想，我要做好事，我今天做了好事，那么你做再多的好事都是半善，因为你着于善。这是半善和满善的区别。

汉钟离是道教传说中的八仙之一，他教吕洞宾点铁成金。吕洞宾很不错，他问汉钟离："点铁成金之后，金子多久会变回铁？"汉钟离说："五百年后。"吕洞宾说："我不学。"汉钟离问："为什么？"吕洞宾说："五百年后金子突然一夜之间变成了铁，拿到这金子的人怎么办？"

这是真善，是满善，因为他一心为五百年后的人着想。五百年后，又关他什么事？他早就成仙了。

现在很多人是不是不管后代怎么样啊？多少人开采矿产，都不考虑后代，先满足了自己再说。

《太上感应篇》说：成天仙要一千三百善，成地仙三百善。也有的地方说成天仙要三千善，地仙要一千善。可是吕洞宾一个念头就解决了，他马上成了天仙。他考虑到五百年后有多少人受牵连，这个善就不止三千善了。大家记住：我们不能把一个念头计作一件善，要看它影响了多少人。

还有一个故事。古时候，一个家里很穷的女子，有一天，她去寺庙布施了仅有的两文钱，庙里主事的当家师亲自为她回向功德。后来这个女子被选入皇宫，成了皇妃。她带了几千两白银，带着人马车队，浩浩荡荡地来到寺庙，没想到当家师却只派了小和尚给她做回向。

她就问当家师："我当年才拿了两文钱，师父亲自给我回向。这次我带了这么多钱，为什么师父只让一个小和尚给我回向？"

当家师说："你当时虽然才布施了两文钱，但你的心是满满的、真诚的，你的善是满善，我若不亲自给你做回向，不足以回报你的诚心。现在你虽然带了几千两白银，但你的心已不如当年真诚，你的善只有一半，所以小和尚回向就够了。"

从这里我悟到很多。穷人做善事拿出一百块钱，基本上把他一个月的伙食费都拿出来了；富人拿出了几十万块钱，对他来说，可能只是毫毛，是不是？

这是半善和满善的区别。

7.大小

善也有大小之别。

宋朝卫仲达是翰林院的官员，四十岁那年，被阎罗王抓到地府去了。判官把善恶本拿出来，想看看这个人怎么判。没想到，卫仲达恶的本子整个院子都快堆满了，善的本子却犹如筷子这么细的一卷。

他问："我才四十岁，又没做什么坏事，怎么这么多恶啊？"判官告诉他："你起的念头不正就是恶的。比如你看到人家穿好衣服，你不高兴，就多了一张恶的记录。看到别人漂亮，你不高兴，也是恶的。看到别人吃好的，你没吃到，生气了，也是恶的。一张张叠起来，就这么多了。"

所以不要说："我只是想想坏事，又没做，没关系。"在现实生活中，嫉妒别人、生气、骂人，这些恶都是叠加的。

虽然卫仲达的善就那么一点点，可是一过磅，比一大堆的恶更重。打开善的本子一看，是一份奏章。皇帝要修一座石桥，要花很多钱，他写了一份奏章，建议不要劳民伤财，不要造这么大的工程。

卫仲达很奇怪："我虽然写了奏章，但是皇帝并没有采纳，怎么会有这么大的效力呢？"判官说："采纳了就不止这么重了。你的奏章虽然没被采纳，但是你为大众的心发出来了，这个心超过了平时造的恶。"

由此，我们学到了什么？只要我们的心是为大众，不管善事有没有实现，都是满善，都是大善。

所以，心一定要好，多为别人想，多换位思考，尽量不要惹别人生气，不要惹别人生烦恼，这是大善，比表面上做的那些假善重得多。

正是：

奏章一封为民利，心系天下功甚巨。

苟在一身多亦少，冥司过秤见分晓。

这是大善和小善的区别。

8.难易

善有难和易的差别，这里有个故事：

二年束脩偿官银，舒翁之举难中行。

举手之劳皮毛耗，此等虽易几人效。

“二年束脩偿官银，舒翁之举难中行”，是讲一个姓舒的老先生，他是教私塾的。有一次领了两年的工资回家过年，路上看到一户人家因为跟官府借钱过日子，最后还不起钱，官府要把男主人征去做工，可能造成夫妻离散。于是他把两年的工资全部给了这对夫妻还官银，夫妻就可以团圆过年了。

“束脩”是什么意思？学生的拜师费、学费。把整整两年的工资拿出来，这是很难的。而且，这是准备拿回去过年的。但为了让这对夫妻不分离，他全部拿出来了，这是难中之难。难中作善，功德无量。

"举手之劳皮毛耗，此等虽易几人效"，有时候帮人其实是非常容易的事情，不过是举手之劳，可又有几个人愿意出手相助?

这是善事分难和易。

以上就是我们对十六种善做的粗浅的解释。

从与人为善到爱惜物命

我们讲了善的种类，这是知善。接下来要知道如何行善，属于善善。

《了凡四训》讲了十种善事，我们做一个总结：

随缘济众分类繁，约纲十章分周详。

与人为善路渐宽，爱敬存心老少帮。

成人之美终自昌，劝人为善启良仓。

救人危急无相商，兴建大利众弃慌。

舍财作福福无尽，护持正法功十方。

敬重尊长引良风，爱惜物命天地欢。

一切福田全方寸，从心而觅善满仓。

其实善不止十种。"随缘济众分类繁，约纲十章分周详"，随缘帮助别人都是善的，如果细分就非常繁琐。这里简简单单归为十种，也是现实生活中比较容易碰到的十种善。

1.与人为善

“与人为善路渐宽”，与人为善，我们讲一个故事。

舜当王的时候，有一次微服私访到了一个叫雷泽的地方，那里的人以打鱼为生。他发现一个问题：水比较急、比较浅的地方，鱼比较少；水比较缓、比较深的地方，鱼比较多。很多强壮的年轻人，抢占了深潭处。老人家争不过，就只能在浅滩处捕鱼。

舜则把深潭让给老年人，自己到浅滩处。很多人看到他这样做，就效仿他，也把深潭让给老年人。

对跟他一样把深潭让出来的年轻人，他大力表扬。对不肯让出地方的年轻人，他也不做批评。大家向谦让的人学习，慢慢地，风气就调过来了。这就是与人为善。

与人为善是不搞对立。与每个人都尽量和睦，即使暂时不和睦，也不要对立。很多人经常帮这个，得罪那个，这就不属于与人为善，因为有对立。

舜帝以身体力行引领别人做善，不批评不行善的人，也不跟不行善的人对立，这就是与人为善。我们在单位应该怎么办？可以多干活儿，但是不要骂那些不干活儿的人，这就是与人为善。

2.爱敬存心

“爱敬存心老少帮”，爱敬存心，就是对每个人都要存爱敬之心。在单位，不管哪个岗位的人，门卫也好，保洁人员也好，做饭的师傅也好，我们都要存爱敬之心。

为什么？不论什么岗位，如果没有他们，我们的日子就会有残缺。比如，没人做饭，我们吃什么？没人打扫卫生，我们天天在垃圾堆里工作，受得了吗？所以不要藐视和看轻任何一个岗位，要感恩，对所有人都心存感恩。

就像一部车子，少了一个螺丝，可能就开不了，所以不要嫌螺丝太小，它会给你安全保障。对所有人，老的，少的，我们都要存爱敬之心，不要嫌弃，要感恩他们的付出。

3.成人之美

我们老家有个故事。有个老人非常善良，邻居盖房子要占他家的地方，他说："好，好！没事，你要多少就拿去。"

这家邻居也非常不错，房子建好后，儿子在外地很发达，买了房子，请他去住。他就跟那个老人讲："当年这房子是你给了我一些地，现在我儿子有钱了，在外地买了房子让我去住，所以我把这套房子送给你。"老人让了一点儿地，得了一套房子，多划得来！

"成人之美终自昌"，成人之美，你终究会发达。人心都是肉长的，人心换人心，量大福大。自然界谁的量最大啊？大海。大海的宝藏多不多？多。“海纳百川，有容乃大”，什么都容纳进来，宝藏就在其中。水没地方流，大海成人之美，让水都流过来，宝藏是不是也流过来了？

4.劝人为善

什么叫劝人为善？比如有些人造恶，你告诉他：“造恶很危险，你不要造恶。”先止恶，再劝善。

比如很有的不孝父母，你跟他讲：“如果不孝父母，你老了怎么办？而且，老人家这么老了，也不知道能活多少年，不要跟他们对立。”“子欲养而亲不待，等你想养的时候，人不在了，你就后悔了，所以要孝顺父母。”

多劝人行善，就可以把自己和他人的善心启发出来，所以“劝人为善启良仓”。

5.救人危急

救人危急，不能有任何犹豫和考虑，没什么值得商量的，有难马上要救。等你想来想去，想好了，商量完了，人也不在了，机会也错过了。“救人危急无相商”，救人如救头燃，头上起火了，还会想要不要救吗？所以救人危急一定要及时。

6.兴建大利

兴建大利，就是尽量多做一些能让大家得利益的事情。比如桥太小，过桥会不会怕？路太窄，开车、骑摩托车、骑单车，会不会怕？半夜三更没路灯，会不会怕？当你去修桥、铺路、装路灯，“兴建大利众弃慌”，就能让人不再恐慌。买别墅花几百万，但是只有一家三口住；几百万拿出来兴建大利，多少人受益啊！

有个人跟我说：“我有一个朋友，她丈夫很有钱，建了一栋别墅，就他们两个人住。她丈夫不在家的时候，就天天打电话叫我到她家住，我又住不习惯，半夜三更很怕，到处空空的，走路都有回音。我要不要去？”我告诉她：“去啊，救人一命胜造七级浮屠，也是无畏布施啊。”她说：“我去陪她，她是不会怕了，可是我吓死了，怎么办？”我说：“那就叫她陪你啊。”

所以如果有钱，就多做一些兴建大利的事情。

7.舍财作福

舍得舍得，有舍才有得。舍财得财，又在种财，所以福无有穷尽。勤劳的农民把瓜籽收起来，再种下去，所以有吃不完的瓜，这是良性循环。如果舍财作恶呢？就很麻烦。

所以舍财有两种，一种是作恶，一种是作善。比如砌起墙来把路堵了，把路变成鱼塘，这就是舍财作恶。

所以要记住，不是有钱就好，有钱很多时候会遭祸。

为什么？造恶太大。

“舍财作福福无尽”，这是我们如何运用财富的问题。

8.护持正法

“护持正法功十方”，正法一定是对应善心的。比如国法是维护我们国家安定有序的，我们要护持。再比如，我们国家提出的社会主义核心价值观二十四字方针，我们可以多宣传，这也是护持正法。

还有就是好的理念，也可以分享出去，让更多人受益。老师来讲课，你提供方便，这也是功德无量。为什么？因为可以利益十方。

护持正法是匡扶正义。只要是正义的，我们都要想办法扶持，有钱出钱，有力出力。

9.敬重尊长

为什么要尊敬长辈？因为俗话说的好，长辈吃的盐比我们吃的米还多，他们经验老到。尊敬他们有什么好处？他们会教我们很多人生智慧。

很多人说：“老人那么老了，用不着了。”其实不是。我小时候很喜欢听老人家讲故事，我喜欢问：“你年轻的时候是什么样子？”我听故事听得很认真，老人家会把几十年的挫折、经验都告诉我，让我少走一些弯路，特别好。

敬重尊长也包括敬重学长，尊敬单位比我们做得更好的人、学得更好的人。为什么？他们会教我们，会帮助我们。而且我们敬重学长可以影响别人，形成良好的社会风气，“敬重尊长引良风”。

10.爱惜物命

俗话说，狗急也会跳墙。为什么？因为它想活啊。牛，特别是老牛，在被杀的前一晚，会掉眼泪，会哭。牛很敏感，会接收到要杀它的念头。

有个人要杀老牛，旁边有一头小牛，是老牛的孩子。这个人把刀放一边，然后去屋里拿东西，回来发现刀不见了。最后发现是小牛把刀藏起来了。这个人很震撼，为什么？他觉得这头小牛这么善良，我竟然这么残忍。最后他不但没杀这两头牛，还把它们养得好好的，养老送终。

人非草木，孰能无情？我们吃的每一只鸡、每一条鱼，它们都有父母，都有兄弟姐妹，乃至一只蚂蚁也有亲戚啊。将心比心，换位思考。所有生命都有求生的本能，我们如果爱惜它们，不去吃它们和杀它们，“爱惜物命天地欢”，天地都会为之欢庆。为什么？上天有好生之德。地为什么能生长万物？因为它有厚德，厚德载物。

所以，“上天有好生之德”，大地“厚德载物”，这两句话告诉我们：天地也爱惜物命。我们要顺应天地啊，不然没资格站在天地之间。我们要知道天要什么，地要什么，不然天地不容。

“一切福田全方寸”，一切福田都在我们的心这一方寸之间，心怎么想很重要，所有的福田都在我们的心念之中。

“从心而觅善满仓”，如果从心里发出来的念头都是我该怎么行善，你的善一定会很多，满满一仓库。

与人为善、爱敬存心、成人之美、劝人为善、救人危急、兴建大利、舍财作福、护持正法、敬重尊长、爱惜物命，这是行善的十种途径。

积善之方，就是积善的方法。如何才能积善？方法就在这里。首先我们要知道何为善，知道善的种类，再学习如何行善，这个次第非常清晰。

福地福人居，福人居福地

我们来看几个行善的故事。

这是《了凡四训》中的一个例子。建宁（今福建建瓯）有个人叫杨荣，被称为杨少师，少师是他的官位，就是太子的老师，这个级别很高。

这么高的位置是怎么来的呢？很多人说他是通过拼命努力而来的，也有人说他运气好。其实不是的，我们往上追溯一下。

他的祖父和曾祖父是渡船人，专门载人过河的。有一次家乡发生水灾，很多人和物被冲进大水里，一直沿着河水往下漂。很多同行都拼命捞财物，他们父子俩却只救人。同行就说：“你们怎么这么傻？”他们没理会，只顾救人，说：“人是活的，东西是可用可不用的。”那次水灾他们救了很多人。

后来杨少师的父亲出生，家境就变好了。有一天，一个道士来到杨少师的老家，对他父亲讲：“你祖上积了很多阴德，你把祖上的坟迁到一处风水宝地，你家一定会出大官。”他父亲就照做了。这个地方现在还在，叫白兔坟。

从此，杨家后代发达了，因为福地福人居，福人居福地。杨少师能位列“三公”，是因为祖上积了厚德。“积善之家，必有余庆。”

“无林不开榜”的由来

第二个故事也是《了凡四训》里讲的。福建莆田林氏家族有一位老人家，在灾荒年代做馒头，专门供给贫穷的人吃，乃至乞丐。只要他们来，多少不限，随便吃。

有个仙人化成道士，每天都来，而且每天不是拿一个两个，最少拿五个。很多人对林老太太说：“不要给他这么多，他是道士还这么贪，你这样会增长他的贪心。”她说：“他要拿肯定有他的需要，至于他是不是拿去救济别人，我不管，反正他有需要。”

这个道士一吃就是三年，其间根本看不出林老太太有丝毫厌烦的心理。三年后道士跟她说：“你这么行善，你的子孙一定会发达。我会看风水，等你百年后就葬在那边，你的子孙一定会发达。”后来，林老太太去世，就埋在道士指的那个地方。下一代林氏家族就有九个人中了功名。

以后每次考试，林氏家族都有人上榜。道士当时跟林老太太讲：“你家当官的最少有一升芝麻这么多。”所以那时福建流传一个说法：“无林不开榜。”只要开了榜，上面一定有林家的后代。

向雷锋同志学习

我们再来看看雷锋同志。小时候我们看到墙上挂着一张解放军的相片，还有一句话：“向雷锋同志学习。”那时我们不认识这个人，就问：“他是谁？怎么挂在家里？”大人说：“雷锋。”我们问：“他是干什么的？”大人说：“专门做好事的。”

我们看雷锋的故事：

年纪轻轻实好心，勤帮众人无疏亲。

尽心行善无数计，伟人题词来铭记。

雷锋精神代代唱，国内国外皆响亮。

普通孤儿一战士，普天同倡皆源善。

雷锋同志十多岁就当少先队队长。二十二岁，因为一个新手司机倒车时把电线杆撞倒，不幸砸到了他，他离开了人世间。

但是他在世时，一直都在帮助别人，从来不分亲疏，而且他积的是阴德。很多人看了他的故事都知道，他上班领了津贴，看同事谁家有难，就寄给谁家，通通不署名，不告诉别人。他一个战友的母亲经常收到钱，以为是儿子寄的。

我们那时候就经常听到老人家说："雷锋出差一千里，好事做了一火车。"他尽心行善，做了很多好事，走到哪里做到哪里，无法计数。

那个时候，包括现在，多少人敬仰毛泽东，包括周恩来、朱德。我们的雷锋同志，普普通通的一个战士，竟然得到这三位伟人的题词。特别是毛主席，在雷锋离去的第二年写下了"向雷锋同志学习！"而且亲自签名。

现在每年的3月5日是"学习雷锋纪念日"，全国人民都向他学习，而且雷锋都"出国"了，国外都有雷锋日、雷锋月。"雷锋精神代代唱，国内国外皆响亮"。

"普通孤儿一战士，普天同倡皆源善"。他虽然是很普通的一个孤儿，可是全天下的人都在歌唱他、赞颂他。叹：

人生自古谁无死，泰山鸿毛别历史。

有人虽活却已死，有人虽死成天使。

无名小卒苟且活，离世化灰土来合。

古圣先贤千秋记，奸恶之徒遭众弃。

“人生自古谁无死，泰山鸿毛别历史”。有些人死得轻如鸿毛，有些人死得重如泰山，是不是这样？历史分别有记载。

“有人虽活却已死”，有人虽然活着，却已经死了。我前段时间看到一个刑事案件，一个老人家打死了儿子，因为这个儿子吸毒、啃老，还天天打骂父母亲人，祸害乡里。按道理，杀人偿命，但是法院很公正：判刑三年，缓刑四年。

“有人虽死成天使”，就像雷锋同志一样，虽然死了，却成了天使。

“无名小卒苟且活，离世化灰土来合”。无名小卒活着像行尸走肉一样，死后化成灰，融进土里，不见了踪影。

“古圣先贤千秋赞”，古圣先贤，千秋万代都赞叹他们。

“奸恶之徒骂千秋”，宋朝岳飞精忠报国，秦桧却加以陷害，祸国殃民，到现在还在被人吐口水。上次我去杭州岳王庙，我没向秦桧吐口水，因为他被人吐得太多了，不差我这一口。

今天的内容值得我们学习，我们会有一个方向，会去思考，这辈子该怎么做。人活着要看远一点儿，要未雨绸缪，要居安思危。

特别是在座的年轻人，我想对你们说：我也是从小长到大的，不是一下子就这么老的。想当年没珍惜时光，现在有点儿懊恼。所以现在你们在玩手机、逛街的时候，我在干什么？我在学习，我在弥补。

以前我不是不肯看书，是因为没电，没有电灯。以前我们是点煤油灯的，在学校读书是九点准时关灯，手电筒都没有。所以真正看书、复习的时间是很少的，因为白天要干活儿，割稻子、插秧、种地瓜、种菜、卖菜、打土方，我们都干这些活儿，累得半死。你们知道我十多岁挑多少斤谷子吗？两百多斤。走路都像跳舞一样，东一下西一下，不是我要这样摆，是被谷子带成这样的。

所以我们要好好珍惜当下，感谢国家给我们提供了这么安稳的生存环境。这些都是我们自己修来的福报，花掉一分就少了一分，全花掉就没有了。福报不是捡来的，而是修来的，有福报才会生在这个太平时代。但是享受这个福报要不要花钱？要。就像你在空调室里喝茶，要不要付钱？享受了就要付钱，不付钱就要付出别的代价。

善类须知

吴知 词
王瑞 曲

1＝F 4/4
♩＝60

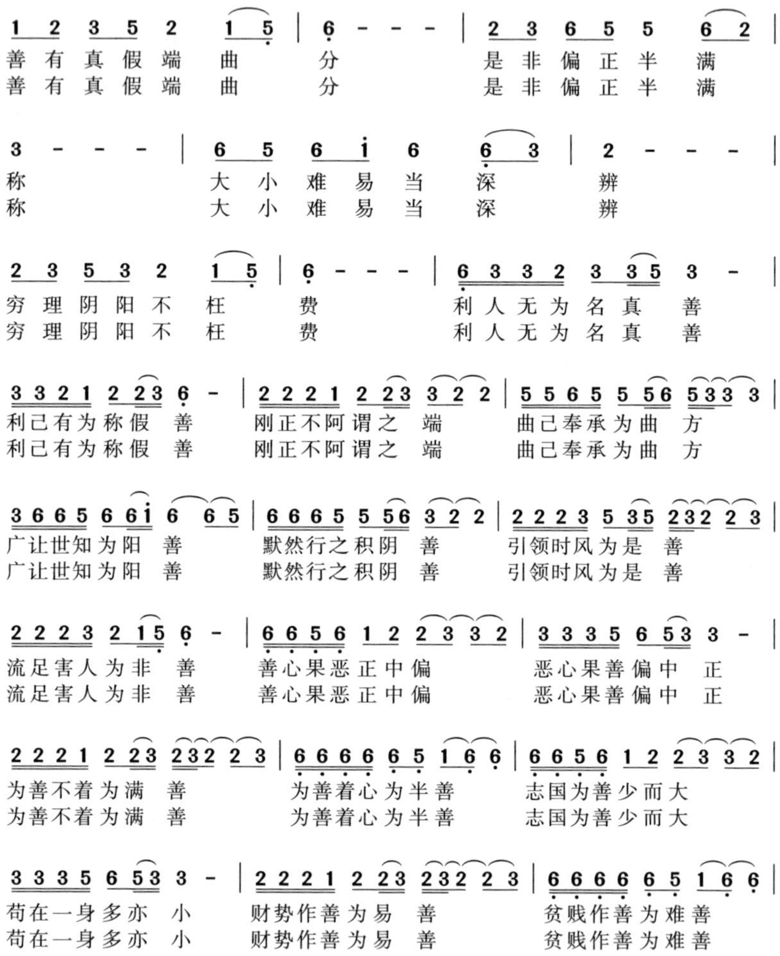

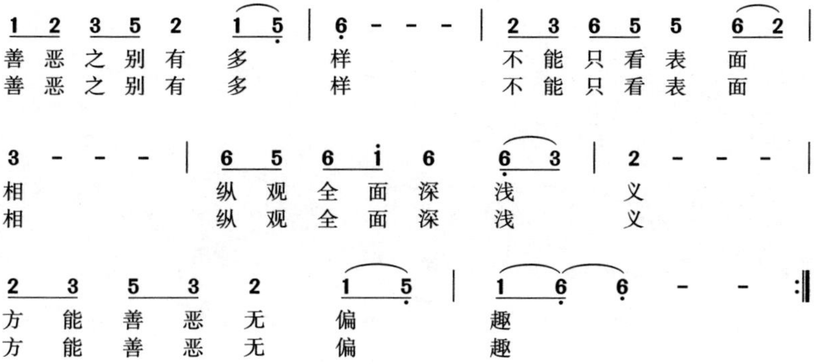
善恶之别有多样 不能只看表面
善恶之别有多样 不能只看表面
相 纵观全面深浅义
相 纵观全面深浅义
方能善恶无偏趣
方能善恶无偏趣

第四篇　谦德之效

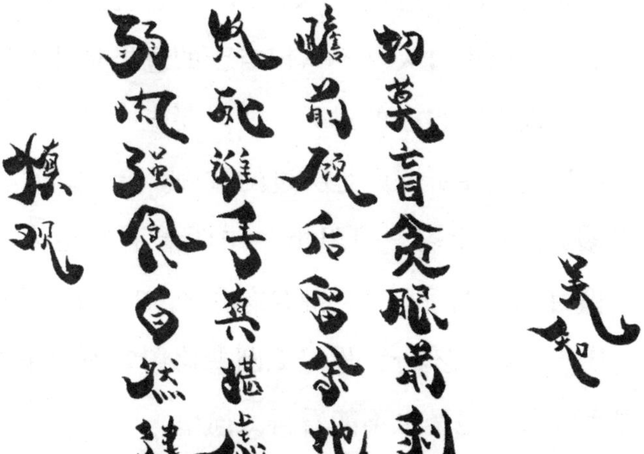

《谦德之效》原文　　歌曲《谦德之效》

为什么要积善？因为对我们的人生有好处，所以要修善。不是说修一日善就可以改变命运，而是要不断地累积。

前面三训，第一训“立命之学”是概括性的前提，接着告诉我们“改过之法”，因为炒菜前必须洗锅。大家记住啊！这个很要紧，所以和大家再重复一下：修善之前，一定要先改过；改过之前，一定要知过，知道自己的过错。有个词叫“闭门思过”，如果不知道自己的过在哪里，就要去识过，认识过失。不认识自己的过失是什么，就要去听过，听别人讲自己的过失。所以要先听过、识过，然后改过。我们现在听课就是听过的过程。

很多人不爱学习，只甩出一句话：“我知道人不要做坏事，做好事就好了。”关键是你怎么知道什么是好事，什么是坏事？好坏不分，你怎么断恶修善？所以不要把问题想得太复杂，但是也不能看得太简单。

改过之后，我们要开始积善。积了善，为什么要有谦德？因为烦恼、贡高我慢、嗔恨会“火烧功德林”，会让善行前功尽弃。谦德是保障我们的战果不丢失的屏障。

所以《了凡四训》的第一训是开门，开门之后要改过、积善，谦德是关门，是如何做好收尾工程。谦德之效放在最后，非常巧妙。所谓“打天下难，保天下更难”，很有道理。所以我们今天讲的课很重要。

天地鬼人对“谦”的态度

我们概括一下《易经》中关于谦德的含义：

天道亏盈而益谦，地道变盈而流谦。

鬼神害盈而福谦，人道恶盈而好谦。

六十四卦话天下，六爻皆吉唯卦谦。

谦之意言行同兼，三思后行无差偏。

恰到好处坦荡谦，过分骄谦讨人嫌。

心若虚空谦之体，用心似海无自己。

《易经》是本天书，揭示了世间人事物的规律的真相。这里告诉了我们天、地、鬼、人四道，对谦的态度。

“天道亏盈而益谦”，是说天道对那些贡高我慢、心量狭小的人给予得很少，“亏”就是少的意思。对谦卑、容量大的人，会给予得很多。

举个例子。清朝名臣曾国藩小时候挺笨的，笨得连小偷都着急。他笨和小偷有什么关系？有一天晚上，他在家背“关关雎鸠，在河之洲。窈窕淑女，君子好逑”，背了后面忘记前面，背了前面忘记后面，半天也没背下来。

刚好这天有个小偷在他家梁上坐了很久，想等他睡着了，捞点儿东西走。没想到他背了很久都没有背会，小偷等得实在没耐心了，就从梁上跳下来说：“你这么笨，还读什么书？我背给你听！”小偷现场背了一遍，然后很生气地走了。不过曾国藩虽然笨，但很勤奋，后来通过不断努力，成为一代名臣。

从这个故事可以看出“天道酬勤”，我们不要觉得自己笨，就不去努力。“笨鸟先飞”“勤能补拙”这些成语，对笨的人来说是至理名言。如果知道自己笨而谦虚好学，也能够得到天道的帮助，这就是“天道亏盈而益谦”。

“地道变盈而流谦”，我们知道地球是有引力的，所以水往低处流。人往低处走，是不是更轻松？往上爬是不是更累？谦卑，就像地球的中心点一样，所有东西都被吸住。谦虚的人把自己放很低，别处的水都流到他那里，他就可以赚到很多。如果贡高我慢，就像高处的水，很容易溢出来，往别的地方流。

“鬼神害盈而福谦”，“盈”是自满的意思，“谦”是容量、心量大的意思。想要心量大，一定要怨气少。怨气重的人，心量一定大不了。

“人道恶盈而好谦”。我们知道李自成的故事。李自成是农民，但他为什么可以成事？因为他当初起义的时候，对所有的人都非常好，像兄弟一样，所以成就了他的功业。人道好谦啊。可一时成事之后就不一样了，开始贡高我慢，很多人的话都听不进去了。

良将李岩提出了忠告，李自成不但没听他的，还把他杀了。最后李自成是怎么死的，到现在还是个谜。所以人道也是这样，你谦容，大家就拥护你；你贡高我慢，大家就离你而去。人道对盈和谦同样也有选择。

这是天道、地道、鬼道、人道对“谦”的态度。

六爻皆吉唯谦卦

“六十四卦话天下，六爻皆吉唯谦卦”。《易经》有六十四卦，只有谦卦六爻都是吉祥的。《易经》所有卦象都由两个小卦组成，谦卦的上卦是坤卦，代表地，下卦是艮卦，代表山。按道理，山在上，地在下，可是谦卦很奇怪，是反过来的，地在上，山在下。这是谦卦的构成。

山在地上，大家看得到，可是谦卦刚好倒过来，山在地里面，犹如有内才，但从不显耀、不外露。所以谦卦代表什么意思？代表谦虚、谦容。“谦卦”所蕴含的意义也是非常好的。

“谦之意言行同兼，三思后行无差偏”。“谦”字是一个“言”字旁，一个“兼”，意思是我们的想法、语言、行为都要三思而后行，不能仗着自己有些才能就口无遮拦，任何时候都要给自己留条后路，话不要说得太满。因为“满招损，谦受益”。

“恰到好处坦荡谦，过分骄谦讨人嫌”。当然，谦也要有个度，要恰到好处，过分的谦虚等于骄傲。

我们平时讲话做事要注意分寸。比如，我们要发表一些见解，就说：“我先说一下，看这样理解对不对，不对的请你们纠正。”不要硬邦邦地说：“我来说。”包括我们能做到的事情，都要说：“我来试试，如果做不好，你们再来。”这都是谦的表现。但是你明明会，却说：“我不会。”这就是过分谦虚，会讨人嫌。

包括在交流的时候，我问：“谁来分享一下啊？”没人吭声，这也是过分谦虚。

“心若虚空谦之体，用心似海无自己”。怎样才能得到谦的最大利益呢？要让自己的心打开，像虚空一样，像大海一样。善的也容，恶的也容，到最后无善恶之分。干净水流进大海，脏水也流进大海，在大海眼里，没有脏与干净之分。所以谦一定要容。量大福谦，会让你的心胸更宽阔。贡高我慢的人，心胸狭隘，这是真相。

有如神助的考生

我们了解了谦的意义，再来了解谦的利益。我们先看《了凡四训》里的几个公案：

受侮不答谤不辩，丁氏年少来示现。

遇友恶攻冯开之，平怀顺受不对撕。

钱氏撕文赵裕峰，心服口服不开蹦。

以上三人谦之范，天道酬愿功名上。

这里，袁了凡讲了三个正面的公案。

有个姓丁的人，经常受到别人的侮辱诽谤，可是他从来不辩解，不对立。所以有道行的人一看，就知道他今年一定中榜。为什么？因为他有谦容之心，“天道亏盈而益谦”，天道都会帮他。

还有一个叫冯开之的人，他有一位正直诚实的益友，时常当面指出他的不是之处，但见他平心静气地接纳朋友的批评，从来不对立，也是非常谦容。很快他就登第了。

还有一个叫赵裕峰的人，他的文章被一个姓钱的老师改得一塌糊涂，他心服口服，不但没生气，还向这位老师请教，最后成就了自己，考上了科举。

这三个人都是谦虚包容的典范，告诉我们谦虚的人能得到什么：“天道酬愿功名上。”还没考之前，其实就已经有迹象显露出来，因为老天都会帮他们。

你看高考有些很奇怪的现象，有人平时不怎么读书，但考得很好，为什么？他复习到的题目，刚好考题里面都有。有人平时很努力，考试的时候却考不好，为什么？他认为不会出的题目全出了，他刚好没复习到。这是第一。

第二，有些人考试的时候身体很好，思维敏捷。另一些人则头脑昏沉，甚至会生病。有的人考前家庭氛围很好，他很开心；有的人考前家里吵吵闹闹，他很烦恼。这些现象，我们可能认为是偶然，其实都是必然。这是我们每个人的谦德所呈现出来的必然。我们是否有谦德，决定了天道、地道、鬼道、人道这几道对我们是助还是损，一种是帮助，一种是损坏。

而且我们也看到，谦虚的人更容易感召好人与他相伴，骄傲的人很容易让大众远离。

《了凡四训》中还讲了一个反面的案例：

另有江阴张畏岩，恶文不中批卷人。
道士一旁观人文，以道析相开人伦。
由此折节善自修，精进无懈连春秋。
突夜梦至一高房，试录一册缺多行。
疑情此景何等因，缺德过甚除功勋。
汝自三年持身勤，此行当补君之名。

江阴有个叫张畏岩的人，有一次考试没考上，就大骂主考官有眼无珠：“我这么一个才子都没有考上！”旁边有个道士听到，说：“你写的文章肯定不怎么样，选不上很正常。”张畏岩更生气了，说：“你没看到我的文章，怎么知道我的文章不怎么样？”

道士告诉他：“文品如人品，我从你的人品，就知道你的文品。不用看，我就知道你的文章不怎么样，所以你没选上是天经地义，不冤枉。”张畏岩还是很有悟性、有慧根的，听了觉得很有道理，就开始改过。改掉了不好的脾气，实实在在地努力学习。

突然有一天，他梦到自己走进一栋很高的房子，看到一个本子记录了能考上功名的人名。本子后面空了很多行，他觉得很奇怪，就问边上那个人怎么回事。那人答道：“本来这些行都填满了，都是今年该考上的人。但因为这些人这段时间做了很多恶事，所以临时把他们的名字抹掉了。但是你呢，通过三年努力，今年应当考上。”

所以你们看，是不是挺有意思的？正所谓：

项上三尺有神明，趋吉避凶靠自行。

虚怀若谷万物生，谦德独秀众来称。

我们在“改过之法”里面讲过，有很多神明会给我们做善和恶的记录，根据善恶给我们增减纪算，纪是十二年，算是一百天。“项上三尺有神明”，三个神明福神、禄神、寿神专门记录我们的善恶，以此决定我们寿命、福禄的增减。我们越谦虚，我们的福报、寿命就越会增加，这是谦的利益。

孔子以七岁小儿为师

我们延伸开来，讲几个关于谦德的故事。

孔圣路遇七岁男，须答二题方过关。

鹅声为何叫声亮，青蛙脖短声亦然。

孔圣无言答辩对，愧言不如少儿郎。

这里讲的是孔子和七岁小男孩的故事。孔子经常到处游学，有一次走在路上，碰到一个七岁的男孩。男孩为难他："你从这里过可以，但必须回答我两个问题。"孔子说："好啊。"心想："这小孩能问出什么？"

男孩问："鹅为什么叫声那么响亮？"孔子说："因为它脖子长。"小男孩没有说对不对，而是继续问孔子："青蛙脖子这么短，为什么叫声也这么响亮？"孔子无言以对。孔子对弟子讲："这个七岁小儿可以做我的老师。"

孔子之所以成为圣贤，因为他真的了不起。在七岁男孩面前，他都肯承认自己答不上来。不像我们有些人，如果输给一个小孩，会气得脸红脖子粗，甚至会想："在这么多学生面前，太倒架子了。"所以圣人就是不一样，他谦容的心怀让我们十分敬仰。

又有一次，孔子驾车出行，碰到一群孩子在马路上堆石头。马车要过，孩子们说："不能过。"孔子问："为什么？"孩子就问："你看我们堆的是什么？"孔子一看，说："堆的是城墙。"孩子又问："如果马车遇到城墙，是城墙让马车呢？还是马车绕城墙呢？"孔子说："肯定是马车绕城墙。"孩子说："那对不起，你往后退，从边上绕过去。"孔子就老老实实地驾车绕过去了。

孔圣人很认理，很明理，这不是我们一般人能做到的。这是值得我们学习的地方。

两只山羊相争

我们再看两只山羊的故事。一只年轻的山羊，一只年老的山羊。老的倚老卖老，年轻的呢，仗着自己年轻，非常傲慢，所以两只山羊平时关系不怎么样。有一次这两只羊同时过一座独木桥，一个要过来，一个要过去，底下是悬崖。两只羊走到桥中间，谁都不让，就在独木桥上斗起来了。你们猜结果怎么样？（答：都掉下去了。）所以：

两只山羊独桥遇，老少傲慢耍脾气。

口角相斗羊角去，共落山崖无踪迹。

最后两只羊都掉下悬崖摔死了。如果这两只山羊互相尊重、互相爱护，不至于都掉下山崖。所以在现实生活中，我们要谦容一些，晚辈尊重长辈，长辈慈爱晚辈，是不是很好啊？

孔子说“三人行，必有我师”。一开始我不理解，心想：“这话不对。三人行，如果其中两个都是我的学生，哪里会有我的老师啊？”后来才发现：人无完人，圣贤也有过失。就像刚才那个故事，孔子也有不足之处。每个人都有让我们学习的地方。如果他比我们做得更好，就是我们的老师，是我们学习的方向和航灯；如果他是恶的，也是我们的老师，是警醒、提示我们不能跟他一样，所以也是老师啊。

不仅“三人行，必有我师”，两人行，也必有我师。两人行，对方身上肯定也有值得学习的地方。善，是我学习的榜样；恶，使我警醒、警惕。不是挺好吗？人与人之间要互相尊重，互相学习，不要太傲慢、相互排挤。

再延伸，“独行，必有我师”。一个人独处，也有老师。老师在哪里呢？“前事之非，后事之师。”想想过去，总结经验，自己教自己，自己做自己的老师。

歌德说话的智慧

歌德德国大诗人，才思敏捷无以伦。

公园狭遇一冤家，巧语化敌无以嘉。

德国诗人歌德，名气很大，遭到很多人的嫉妒和诽谤。有一天他去公园散步，碰到一个冤家。这个人喜欢排挤歌德，经常骂他是浪人、怪人。这人对歌德说：“我从来不给小人让步。”歌德闪到一边说：“我刚好相反。”

一个是不给小人让路，一个是专门给小人让路，他是不是用非常巧妙的语言化解了冲突？没有智慧，做得到吗？

我们在生活中碰到一些不顺心的事情，完全可以巧妙地化解。一对夫妻吵嘴，丈夫骂太太：“你怎么这么笨？”太太一般会怎么回答？直接反唇相讥：“你才笨！”可是，有一个太太很聪明，她开玩笑地说：“我不笨的话，会嫁给你吗？”丈夫这时怎么回答？估计就吵不下去了。

苏东坡的落败

佛印禅师跟苏东坡的故事也非常有哲理，值得我们深思。

苏东坡跟佛印禅师在一起打禅语，经常说不过佛印禅师。有一次，二人对坐，苏东坡问佛印禅师：“我在你心里是什么形象？”佛印禅师说：“你在我心里是一尊佛。”说完，佛印禅师就不吭声了。

苏东坡感到很扫兴，因为没有达到他的目的啊，他心想：“好，你不问，我就自己来说。”他对佛印禅师说：“你还没问我，你在我心目中是什么形象。”佛印禅师说：“那好，你说吧。”他说：“你在我心中是一坨屎。”

佛印禅师笑了笑，没说话。苏东坡看他无语了，很开心，回去就跟他妹妹讲：“我今天终于赢了那个老和尚，出了一口恶气。”接着把事情的经过说了一遍。

妹妹的才华不输于苏东坡，见识更不凡。她说：“你今天不但没赢，还输得一塌糊涂。为什么？相由心生啊！你心里是什么样的，看到的外面就是什么样的。你把佛印禅师看作一坨屎，说明你心中堆满了屎啊。佛印禅师心中都是佛，所以看到谁都是佛。”苏东坡还没有吃庆功宴，就变得沮丧了，原来他还是落败了。

所以我们应该谦虚一点儿，谦虚不等于比别人低下。

道歉是一件划算的事

有句话叫："滴水之恩，当涌泉相报。"表面的意思是：收人家一滴水，还他一个涌泉。可是反过来说，我们一个涌泉，就为了等着换他一滴水，亏不亏？所以我们要想：如果我把我的一个涌泉变成无数滴水洒出去，给每人一滴水，然后每人拿一个涌泉回报我，我是不是能收到很多涌泉？是不是很划算啊？

比如夫妻吵了架，你想："只要他跟我道歉，我就原谅他。"结果没等到他的道歉。你憋了很久，降低要求："他跟我打个招呼，我就原谅他。"可是你没想到，当丈夫给你一点儿恩惠（向你道个歉），你就整个心都交给他了，是不是也相当于"滴水之恩，当涌泉相报"？会不会有点儿亏本啊？为什么你不先跟他道歉？你先跟他道歉，洒出一滴水，他要不要涌泉给你？这样才有意思。

如果你先跟他道歉，显示出你谦虚，品德高尚，你会得到什么？天道、地道、鬼道、人道都来帮你，太划得来了。可是我们总是喜欢别人先对我们好，然后才对别人好，其实这都是亏本生意。

我们真正要做的是什么？是先撒种后收果实。我们对别人善，这是撒种、播种。有句话叫："我为人人，人人为我。”所以谦有好处，没有吃亏。就算吃亏，也是“吃亏是福，人亏天补”，这是很有道理的。

梅兰芳拜师

京剧大师梅兰芳，礼拜齐氏妙丹青。

屈身执墨表虚心，宴别诸客与师亲。

京剧大师梅兰芳，不仅京剧唱得好，还有一个爱好——画画。他拜了当时很有名的画家齐白石做老师，跟着白石老人学画画。他每次到老师那边，都给老师磨墨，打下手，没有一点儿京剧大师的傲慢心。

有一次，他们两人同时被一个名人邀去做客。齐白石那天穿的衣服比较普通，到了无人理会，于是他就找了一个角落，静静地坐在那里。

过了一会儿，梅兰芳来了，他是大名鼎鼎的名角，大家都争着和他握手寒暄。可是梅兰芳的眼睛一直在寻找，找谁？找齐白石。他发现齐白石坐在角落没人搭理，就立刻穿过人群，走到齐白石面前，鞠躬，恭敬地叫了一声“老师”。在场的人非常惊讶和敬佩，齐白石也很感动，专门给他画了幅《雪中送炭图》。

梅兰芳品德高尚，身为京剧大师却没有一点儿大师的架子，还能非常虚心地接受别人的意见。有一次唱戏，唱到《杀惜》的时候，很多人叫好，突然一个老农民说：

"不好。"梅兰芳耳朵很灵，竟然听到了，然后循着声音去找，看到了那个老人家。演出结束后卸掉戏装，梅兰芳马上去找那个老人家，用专车接到家中，恭恭敬敬地问："说我不好的人，是我的老师。先生说我不好，必有高见，还望赐教，学生决心亡羊补牢。"

老人家告诉他："阎惜姣上楼和下楼的台步，按梨园规定，应是七上八下，博士为何八上八下？"多一下，就没有错落感，太平了。梅兰芳非常受益，礼敬他为老师。每次出演，只要这个老人家在，他都会请老人家点评，以老师相称相待。

若是一般人，可能会想："你懂什么？"即使错了，是不是也要狡辩一下？所以梅兰芳真的很了不起。这些看似都是一些小事，却让人很感动。为什么有些人可以成为名人？有些人可以成为伟人？都是因为他们有与众不同的优良品质。

看了这几个故事，我挺受益的。这些名人能把这么小的事做好，而我们大多数人做不到。所以"谦受益"，值得我们好好学习。

马谡失街亭

我们再看一个故事：诸葛亮挥泪斩马谡。

马谡无谦失街亭，惨遭斩首留骂名。

诸葛虽是经天才，错用马谡前功裁。

从这个故事我们可以得到两个启示。

马谡为什么失去街亭？他犯了两个错误：上不听诸葛之言，下不听副将王平之劝。副将王平告诉他：“兵不能扎在山上，要靠山近水。”他不听，最后被张郃切断水源，掐断粮道，放火烧山，蜀军军心涣散，不战自乱，失了街亭。因为他立了军令状，所以最后诸葛亮不得不挥泪斩马谡。

其实还有一个人也有错，谁呢？诸葛亮。在我们后人眼里，诸葛亮聪明智慧。可是，他也有犯错的时候。

刘备在世就告诫过诸葛亮：“马谡这个人言过其实，不可重用。”可是诸葛亮经常跟马谡交流军事方面的知识，觉得马谡很有才，所以他跟刘备说：“他应该是将相之才。”最后证明，诸葛亮看错了人。

这个故事会增长我们的信心。这么聪明、这么有智慧的诸葛亮也有犯错的时候，我们不如诸葛亮，所以犯错很正常，不要难过，不要太有失落感，我们更应该谦虚地接受他人的劝告。

我们经常认为比别人低下是很羞耻的事情，所以恼羞成怒，因为羞耻而产生恼恨，产生怒气，其实没这个必要。古圣先贤都有犯错的时候，我们谦虚一点儿，多学习，是没问题的。知错就要改，“知错能改，善莫大焉”，记住这个道理。

多听老人言

1.魏征："傲不可长"

魏征是"贞观之治"的一代功臣，他的一些箴言、劝告、上谏成就了唐朝的盛世。但同时也是因为李世民谦容，能听得进他人的劝谏。

魏征曾经说："傲不可长，欲不可纵，乐不可极，志不可满。"

"傲不可长"，就是不能让傲慢增长。当我们生出贡高我慢心，一定要把它降伏下来，要把它灭掉，不能藏起来。

欲呢？不可纵。欲望是无止境的，不能让它任意发展。

"乐不可极"，当人生比较顺利的时候，不能享乐得太过头，尤其是年轻人。很多人年轻的时候，不玩到疲劳就不睡觉，不懂得善用身体，不懂得保养身体，把先天之气毁掉了，年纪大了可就补不回来了。所以年轻人一定要记住：乐不可极。虽然你们的精力很充足，但不要把电全部用完，否则会透支。

志不可满，人不能太自满，因为人生可发掘的潜能是非常巨大的，不能满足于现在。

2.王阳明："人生大病源傲泉"

心学大师王阳明告诉我们："人生大病源傲泉。"意思是：人生大病，源自我们的傲慢。贡高我慢有点儿像闭关自守，很容易让我们的妄想、妄识心肆意地增长，因为没有外在的能量帮我们调整方向。这是非常可怕的。

3.《弟子规》："闻誉恐，闻过欣，直谅士，渐相亲"

《弟子规》写道："闻过怒，闻誉乐，损友来，益友却；闻誉恐，闻过欣，直谅士，渐相亲。"这也是对"谦"和"傲"的结果很真实的写照。

如果我们喜欢听奉承的话，听到不好的话就会生气，就会"损友来，益友却"。

人非圣贤，不可能一生都不犯错，所以对于提出我们过失或缺点的朋友，要心存感激。唯有如此，那些正直诚信、博学多闻的朋友，才乐于和我们交往，我们才能够不断地进步，得到更多的益处。

4.《太上感应篇》："语善，视善，行善"

《太上感应篇》写道："太上曰：祸福无门，惟人自召；善恶之报，如影随形。夫心起于善，善虽未为，而吉神已随之；或心起于恶，恶虽未为，而凶神已随之。"

我们总结一下《太上感应篇》关于谦与傲、善与恶、福与祸的关系：

谦心起三善，语善视善行善。

傲心起三恶，语恶视恶行恶。

日日起三善，三年天必降之福。

日日起三恶，三年天必降之祸。

《太上感应篇》的境界还是挺高的，它追溯到我们深层次的地方：心。它告诉我们：当我们的心起了善念，即使还没有开始作善，善神已经来了；只要心起了恶念，即使还没作恶，凶神已经来了。所以心念很重要。

所以不要以为只是想一下，并没有做，好像没什么关系，其实真相不是这样的。只要你想了，它就起作用。“起心动念，无不是业，无不是罪”，我们的念头可以遍布整个虚空法界。所以善的念头很重要。

如何保持善念？最好的方法就是找到好环境。“物以类聚，人以群分”“近朱者赤，近墨者黑”，跟一些具有正确的知见、正念的人在一起，自然就会受到影响，念头自然就往善的方向；如果遇到不好的环境，“常在河边走，难免不湿鞋”。

我们总是认为：“我有定力，跟坏人在一起没关系，我能定得住。”其实很难。你看石头这么坚硬，可是随着时间的推移，经历风吹雨打，它都会磨损。何况我们的信心不容易这么坚固？碰到不好的环境，我们很容易被腐蚀，甚至一个念头就把我们拉走了。所以不要太过于自信，不好的环境，不要靠近。

有人说："我不打麻将，我只看他们打麻将，我学不会。"但是我告诉你，时间久了，你一定会打。

而且，如果我们遇到不好的环境，即使没做坏事，会不会起念头？《太上感应篇》写得很清楚，只要起了恶念，凶神就会来。

我们跟好人在一起，虽然还没有作善，但起了善念，是不是吉神也会来？我们的念头，靠我们自己是难以控制、难以把握的，所以好的环境很重要。

5.诸葛亮："不傲才以骄人"

诸葛亮说："不傲才以骄人，不以宠而作威。"

不因为才华高深而生傲慢心，才是真正值得骄傲的。这个"骄"不是外在的骄傲，而是呈现自己能力，是真正有能力的证明。

6.陈毅："成由谦逊败由奢"

陈毅也有写："九牛一毫莫自夸，骄傲自满必翻车。历览古今多少事，成由谦逊败由奢。"

7.《宋史·蔡元定传》："独行不愧影，独寝不愧衾"

《宋史·蔡元定传》也写道："独行不愧影，独寝不愧衾。"一个人走路，不要愧对自己的影子；一个人睡觉，不要愧对自己的被子。“衾”，还有一种说法是人死后盖的东西。也就是说，盖棺定论的时候，不要留下骂名于后世。我们要为自己的一生负责。

最后，我们来看小结。

《阴骘文》上有明方，境之好坏须明访。

靠近善人本应当，助德行于身心康。

远离恶人避祸端，杜绝灾殃于远方。

这是《阴骘文》告诉我们的真相：接近善人，可以把善人的德行作为我们的榜样，通过善人德行的熏陶，让我们身和心达到健康的状态。恶人呢？我们一定要远离。远离恶人，可以把灾难拒之于远方。我们经常说：“城门失火，殃及池鱼。”如果跟不好的人在一起，很容易被他们影响和污染。所以面对恶人和善人，我们要做一个选择。但在选择前要有认知，要断恶修善，必须先鉴别何为善恶。

如果善恶都不明了，完全有可能像我小时候拔秧苗中的草，把秧拔了，草留下了。秧还没长大的时候，跟草长得差不多。从我小时候的这个经历来看，我们做某件事情之前，必须明了真相，不然完全有可能出现一种情况：你的发心是善的，但实际的行为是恶的。这叫什么？好心办坏事。“好心办坏事，花钱买罪受，都是无知无明惹的祸”，这才是真相。

谦德之效

1=D $\frac{4}{4}$

吴 知 词
李思豪 曲

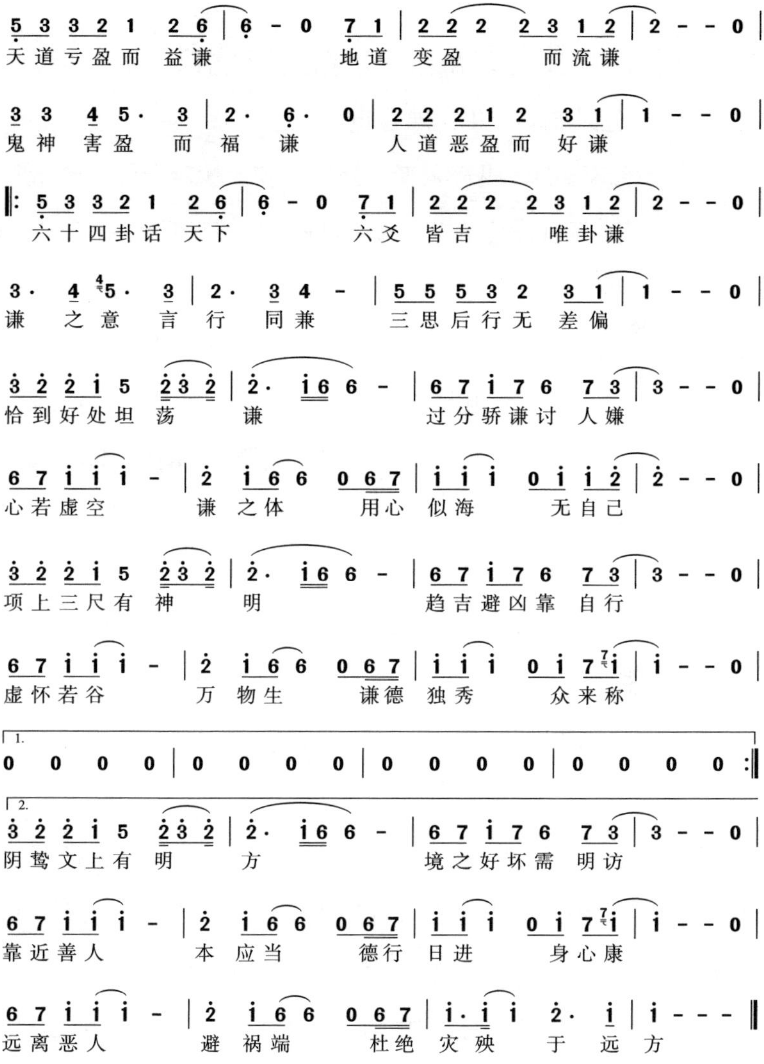

附录 《了凡四训》原文

立命之学

余童年丧父，老母命弃举业学医，谓可以养生，可以济人，且习一艺以成名，尔父夙心也。

后余在慈云寺，遇一老者，修髯伟貌，飘飘若仙，余敬礼之。语余曰："子仕路中人也，明年即进学，何不读书？"余告以故，并叩老者姓氏里居。曰："吾姓孔，云南人也。得邵子皇极数正传，数该传汝。"余引之归，告母。母曰："善待之。"试其数，纤悉皆验。余遂起读书之念，谋之表兄沈称，言："郁海谷先生，在沈友夫家开馆，我送汝寄学甚便。"余遂礼郁为师。

孔为余起数："县考童生，当十四名；府考七十一名，提学考第九名。"明年赴考，三处名数皆合。

复为卜终身休咎。言某年考第几名，某年当补廪，某年当贡。贡后某年，当选四川一大尹，在任三年半，即宜告归。五十三岁八月十四日丑时，当终于正寝，惜无子。余备录而谨记之。

自此以后，凡遇考校，其名数先后，皆不出孔公所悬定者。独算余食廪米九十一石五斗当出贡；及食米七十余石，屠宗师即批准补贡，余窃疑之。

后果为署印杨公所驳。直至丁卯年，殷秋溟宗师见余场中备卷，叹曰："五策，即五篇奏议也，岂可使博洽淹贯之儒，老于窗下乎！”遂依县申文准贡，连前食米计之，实九十一石五斗也。

余因此益信进退有命，迟速有时，澹然无求矣。

贡入燕都，留京一年，终日静坐，不阅文字。己巳归，游南雍，未入监，先访云谷会禅师于栖霞山中，对坐一室，凡三昼夜不瞑目。

云谷问曰："凡人所以不得作圣者，只为妄念相缠耳。汝坐三日，不见起一妄念，何也？"

余曰："吾为孔先生算定，荣辱生死，皆有定数，即要妄想，亦无可妄想。"

云谷笑曰："我待汝是豪杰，原来只是凡夫。"

问其故，曰："人未能无心，终为阴阳所缚，安得无数？但惟凡人有数；极善之人，数固拘他不定；极恶之人，数亦拘他不定。汝二十年来，被他算定，不曾转动一毫，岂非是凡夫？"

余问曰："然则数可逃乎？"

曰："命由我作，福自己求。《诗》《书》所称，的为明训。我教典中说：求富贵得富贵，求男女得男女，求长寿得长寿。夫妄语乃释迦大戒，诸佛菩萨岂诳语欺人？"

余进曰："孟子言，求则得之，是求在我者也。道德仁义，可以力求；功名富贵，如何求得？"

云谷曰："孟子之言不错，汝自错解了。汝不见六祖说：一切福田，不离方寸；从心而觅，感无不通。求在我，不独得道德仁义，亦得功名富贵。内外双得，是求有益于得也。若不反躬内省，而徒向外驰求，则求之有道，而得之有命矣。内外双失，故无益。”

因问：“孔公算汝终身若何？”余以实告。云谷曰：“汝自揣应得科第否？应生子否？”

余追省良久，曰：“不应也。科第中人，类有福相，余福薄，又不能积功累行，以基厚福；兼不耐烦剧，不能容人；时或以才智盖人，直心直行，轻言妄谈。凡此皆薄福之相也，岂宜科第哉！

“地之秽者多生物，水之清者常无鱼，余好洁，宜无子者一；和气能育万物，余善怒，宜无子者二；爱为生生之本，忍为不育之根，余矜惜名节，常不能舍己救人，宜无子者三；多言耗气，宜无子者四；喜饮铄精，宜无子者五；好彻夜长坐，而不知葆元毓神，宜无子者六。其余过恶尚多，不能悉数。”

云谷曰：“岂惟科第哉！世间享千金之产者，定是千金人物；享百金之产者，定是百金人物；应饿死者，定是饿死人物。天不过因材而笃，几曾加纤毫意思？

“即如生子：有百世之德者，定有百世子孙保之；有十世之德者，定有十世子孙保之；有三世二世之德者，定有三世二世子孙保之；其斩焉无后者，德至薄也。

“汝今既知非，将向来不发科第，及不生子之相，尽情改刷。务要积德，务要包荒，务要和爱，务要惜精神。从前种种，譬如昨日死；从后种种，譬如今日生。此义理再生之身也。

“夫血肉之身，尚然有数；义理之身，岂不能格天！《太甲》曰：天作孽，犹可违；自作孽，不可活。《诗》云：永言配命，自求多福。孔先生算汝不登科第、不生子者，此天作之孽，犹可得而违；汝今扩充德性，力行善事，多积阴德，此自己所作之福也，安得而不受享乎？

“《易》为君子谋，趋吉避凶。若言天命有常，吉何可趋，凶何可避？开章第一义，便说：积善之家，必有余庆。汝信得及否？”

余信其言，拜而受教。因将往日之罪，佛前尽情发露，为疏一通，先求登科；誓行善事三千条，以报天地祖宗之德。

云谷出功过格示余，令所行之事，逐日登记。善则记数，恶则退除，且教持准提咒，以期必验。

语余曰：“符箓家有云，不会书符，被鬼神笑。此有秘传，只是不动念也。执笔书符，先把万缘放下，一尘不起。从此念头不动处，下一点，谓之混沌开基。由此而一笔挥成，更无思虑，此符便灵。凡祈天立命，都要从无思无虑处感格。

“孟子论立命之学，而曰：夭寿不贰。夫夭寿，至贰者也。当其不动念时，孰为夭，孰为寿？细分之：丰歉不贰，然后可立贫富之命；穷通不贰，然后可立贵贱之命；夭寿不贰，然后可立生死之命。人生世间，惟死生为重，曰夭寿，则一切顺逆皆该之矣。

“至修身以俟之，乃积德祈天之事。曰修，则身有过恶，皆当治而去之；曰俟，则一毫觊觎，一毫将迎，皆当斩绝之矣。

到此地位，直造先天之境，即此便是实学。

“汝未能无心，但能持准提咒，无记无数，不令间断，持得纯熟，于持中不持，于不持中持。到得念头不动，则灵验矣。”

余初号学海，是日改号了凡。盖悟立命之说，而不欲落凡夫窠臼也。从此而后，终日兢兢，便觉与前不同。前日只是悠悠放任，到此自有战兢惕厉景象，在暗室屋漏中，常恐得罪天地鬼神。遇人憎我毁我，自能恬然容受。

到明年，礼部考科举，孔先生算该第三，忽考第一。其言不验，而秋闱中式矣。

然行义未纯，检身多误。或见善而行之不勇；或救人而心常自疑；或身勉为善而口有过言；或醒时操持而醉后放逸。以过折功，日常虚度。自己巳岁发愿，直至己卯岁，历十余年，而三千善行始完。

时方从李渐庵入关，未及回向。庚辰南还，始请性空、慧空诸上人，就东塔禅堂回向。遂起求子愿，亦许行三千善事。辛巳，生男天启。

余行一事，随以笔记。汝母不能书，每行一事，辄用鹅毛管，印一朱圈于历日之上。或施食贫人，或买放生命，一日有多至十余圈者。至癸未八月，三千之数已满。复请性空辈，就家庭回向。九月十三日，复起求中进士愿，许行善事一万条。丙戌登第，授宝坻知县。

余置空格一册，名曰“治心编”。晨起坐堂，家人携付门役，置案上，所行善恶，纤悉必记。夜则设桌于庭，效赵阅道焚香告帝。

汝母见所行不多，辄颦蹙曰：“我前在家，相助为善，故三千之数得完；今许一万，衙中无事可行，何时得圆满乎？”

夜间偶梦见一神人，余言善事难完之故。神曰：“只减粮一节，万行俱完矣。”盖宝坻之田，每亩二分三厘七毫。余为区处，减至一分四厘六毫。委有此事，心颇惊疑。

适幻余禅师自五台来，余以梦告之，且问此事宜信否。

师曰：“善心真切，即一行可当万善，况合县减粮，万民受福乎？”吾即捐俸银，请其就五台山斋僧一万而回向之。

孔公算余五十三岁有厄，余未尝祈寿，是岁竟无恙，今六十九矣。《书》曰：“天难谌，命靡常。”又云：“惟命不于常。”皆非诳语。吾于是而知，凡称祸福自己求之者，乃圣贤之言；若谓祸福惟天所命，则世俗之论矣。

汝之命，未知若何。即命当荣显，常作落寞想；即时当顺利，常作拂逆想；即眼前足食，常作贫窭想；即人相爱敬，常作恐惧想；即家世望重，常作卑下想；即学问颇优，常作浅陋想。

远思扬祖宗之德，近思盖父母之愆；上思报国之恩，下思造家之福；外思济人之急，内思闲己之邪。

务要日日知非，日日改过。一日不知非，即一日安于自是；一日无过可改，即一日无步可进。天下聪明俊秀不少，所以德不加修、业不加广者，只为因循二字，耽搁一生。

云谷禅师所授立命之说，乃至精至邃、至真至正之理，其熟玩而勉行之，毋自旷也。

改过之法

春秋诸大夫，见人言动，亿而谈其祸福，靡不验者，《左》《国》诸记可观也。

大都吉凶之兆，萌乎心而动乎四体，其过于厚者常获福，过于薄者常近祸，俗眼多翳，谓有未定而不可测者。

至诚合天，福之将至，观其善而必先知之矣；祸之将至，观其不善而必先知之矣。今欲获福而远祸，未论行善，先须改过。

但改过者，第一，要发耻心。思古之圣贤，与我同为丈夫，彼何以百世可师？我何以一身瓦裂？耽染尘情，私行不义，谓人不知，傲然无愧，将日沦于禽兽而不自知矣。世之可羞可耻者，莫大乎此。孟子曰："耻之于人大矣！以其得之则圣贤，失之则禽兽耳。"此改过之要机也。

第二，要发畏心。天地在上，鬼神难欺，吾虽过在隐微，而天地鬼神，实鉴临之。重则降之百殃，轻则损其现福，吾何可以不惧？

不惟是也。闲居之地，指视昭然，吾虽掩之甚密，文之甚巧，而肺肝早露，终难自欺。被人觑破，不值一文矣，乌得不懔懔？

不惟是也。一息尚存，弥天之恶，犹可悔改。古人有一生作恶，临死悔悟，发一善念，遂得善终者。谓一念猛厉，足以涤百年之恶也。譬如千年幽谷，一灯才照，则千年之暗俱除。故过不论久近，惟以改为贵。

但尘世无常，肉身易殒，一息不属，欲改无由矣。明则千百年担负恶名，虽孝子慈孙，不能洗涤；幽则千百劫沉沦狱报，虽圣贤佛菩萨，不能援引。乌得不畏？

第三，须发勇心。人不改过，多是因循退缩；吾须奋然振作，不用迟疑，不烦等待。小者如芒刺在肉，速与抉剔；大者如毒蛇啮指，速与斩除，无丝毫凝滞。此风雷之所以为益也。

具是三心，则有过斯改，如春冰遇日，何患不消乎？然人之过，有从事上改者，有从理上改者，有从心上改者。工夫不同，效验亦异。

如前日杀生，今戒不杀；前日怒詈，今戒不怒。此就其事而改之者也。强制于外，其难百倍，且病根终在，东灭西生，非究竟廓然之道也。

善改过者，未禁其事，先明其理。如过在杀生，即思曰：上帝好生，物皆恋命，杀彼养己，岂能自安？且彼之杀也，既受屠割，复入鼎镬，种种痛苦，彻入骨髓；己之养也，珍膏罗列，食过即空，疏食菜羹，尽可充腹，何必戕彼之生，损己之福哉？

又思血气之属，皆含灵知，既有灵知，皆我一体。纵不能躬修至德，使之尊我亲我，岂可日戕物命，使之仇我憾我于无穷也？一思及此，将有对食伤心，不能下咽者矣。

如前日好怒，必思曰：人有不及，情所宜矜；悖理相干，于我何与？本无可怒者。

又思天下无自是之豪杰，亦无尤人之学问。行有不得，皆己之德未修，感未至也。吾悉以自反，则谤毁之来，皆磨炼玉成之地，我将欢然受赐，何怒之有？

又闻谤而不怒，虽谗焰薰天，如举火焚空，终将自息；闻谤而怒，虽巧心力辩，如春蚕作茧，自取缠绵。怒不惟无益，且有害也。

其余种种过恶，皆当据理思之。此理既明，过将自止。

何谓从心而改？过有千端，惟心所造；吾心不动，过安从生？学者于好色、好名、好货、好怒，种种诸过，不必逐类寻求；但当一心为善，正念现前，邪念自然污染不上。如太阳当空，魍魉潜消，此精一之真传也。过由心造，亦由心改，如斩毒树，直断其根，奚必枝枝而伐，叶叶而摘哉？

大抵最上者治心，当下清净；才动即觉，觉之即无。苟未能然，须明理以遣之；又未能然，须随事以禁之。以上事而兼行下功，未为失策；执下而昧上，则拙矣。

顾发愿改过，明须良朋提醒，幽须鬼神证明。一心忏悔，昼夜不懈，经一七、二七，以至一月、二月、三月，必有效验。

或觉心神恬旷；或觉智慧顿开；或处冗沓而触念皆通；或遇怨仇而回嗔作喜；或梦吐黑物；或梦往圣先贤，提携接引；或梦飞步太虚；或梦幢幡宝盖。种种胜事，皆过消罪灭之象也。然不得执此自高，画而不进。

昔蘧伯玉当二十岁时，已觉前日之非而尽改之矣。至二十一岁，乃知前之所改未尽也；及二十二岁，回视二十一岁，犹在梦中。岁复一岁，递递改之，行年五十，而犹知四十九年之非。古人改过之学如此。

吾辈身为凡流，过恶猬集，而回思往事，常若不见其有过者，心粗而眼翳也。

然人之过恶深重者，亦有效验：或心神昏塞，转头即忘；或无事而常烦恼；或见君子而赧然消沮；或闻正论而不乐；或施惠而人反怨；或夜梦颠倒，甚则妄言失志。皆作孽之相也。苟一类此，即须奋发，舍旧图新，幸勿自误。

积善之方

《易》曰："积善之家，必有余庆。"昔颜氏将以女妻叔梁纥，而历叙其祖宗积德之长，逆知其子孙必有兴者。孔子称舜之大孝，曰："宗庙飨之，子孙保之。"皆至论也。试以往事征之。

杨少师荣，建宁人。世以济渡为生。久雨溪涨，横流冲毁民居，溺死者顺流而下，他舟皆捞取货物，独少师曾祖及祖，惟救人，而货物一无所取，乡人嗤其愚。逮少师父生，家渐裕，有神人化为道者，语之曰："汝祖父有阴功，子孙当贵显，宜葬某地。"遂依其所指而窆之，即今白兔坟也。后生少师，弱冠登第，位至三公，加曾祖、祖、父，如其官。子孙贵盛，至今尚多贤者。

鄞人杨自惩，初为县吏，存心仁厚，守法公平。时县宰严肃，偶挞一囚，血流满前，而怒犹未息，杨跪而宽解之。宰曰："怎奈此人越法悖理，不由人不怒。"自惩叩首曰："上失其道，民散久矣，如得其情，哀矜勿喜。喜且不可，而况怒乎？"宰为之霁颜。

家甚贫，馈遗一无所取。遇囚人乏粮，常多方以济之。一日，有新囚数人待哺，家又缺米。给囚，则家人无食；自顾，则囚人堪悯。与其妇商之，妇曰："囚从何来？"曰："自杭而来。沿路忍饥，菜色可掬。"因撤己之米，煮粥以食囚。后生二子，长曰守陈，次曰守址，为南北吏部侍郎；长孙为刑部侍郎；次孙为四川廉宪，又俱为名臣；今楚亭、德政，亦其裔也。

昔正统间，邓茂七倡乱于福建，士民从贼者甚众。朝廷起鄞县张都宪楷南征，以计擒贼，后委布政司谢都事，搜杀东路贼党。谢求贼中党附册籍，凡不附贼者，密授以白布小旗。约兵至日，插旗门首，戒军兵无妄杀，全活万人。后谢之子迁，中状元，为宰辅；孙丕，复中探花。

莆田林氏，先世有老母好善，常作粉团施人，求取即与之，无倦色。一仙化为道人，每旦索食六七团，母日日与之，终三年如一日，乃知其诚也。因谓之曰："吾食汝三年粉团，何以报汝？府后有一地，葬之，子孙官爵，有一升麻子之数。"其子依所点葬之，初世即有九人登第，累代簪缨甚盛，福建有"无林不开榜"之谣。

冯琢庵太史之父，为邑庠生。隆冬早起赴学，路遇一人，倒卧雪中，扪之，半僵矣。遂解己绵裘衣之，且扶归救苏。梦神告之曰："汝救人一命，出至诚心，吾遣韩琦为汝子。"及生琢庵，遂名琦。

台州应尚书，壮年习业于山中。夜鬼啸集，往往惊人，公不惧也。一夕闻鬼云："某妇以夫久客不归，翁姑逼其嫁人，明夜当缢死于此，吾得代矣。"公潜卖田，得银四两，即伪作其夫之书，寄银还家。其父母见书，以手迹不类，疑之。既而曰："书可假，银不可假，想儿无恙。"妇遂不嫁。其子后归，夫妇相保如初。

公又闻鬼语曰："我当得代，奈此秀才坏吾事。"旁一鬼曰："尔何不祸之？"曰："上帝以此人心好，命作阴德尚书矣，吾何得而祸之？"应公因此益自努励，善日加修，德日加厚。遇岁饥，辄捐谷以赈之；遇亲戚有急，辄委曲维持；遇有横逆，辄反躬自责，怡然顺受。子孙登科第者，今累累也。

常熟徐凤竹栻，其父素富，偶遇年荒，先捐租以为同邑之倡，又分谷以赈贫乏，夜闻鬼唱于门曰："千不诓，万不诓，徐家秀才做到了举人郎。"相续而呼，连夜不断。是岁，凤竹果举于乡。其父因而益积德，孳孳不怠，修桥修路，斋僧接众，凡有利益，无不尽心。后又闻鬼唱于门曰："千不诓，万不诓。徐家举人直做到都堂。"凤竹官终两浙巡抚。

嘉兴屠康僖公，初为刑部主事，宿狱中，细询诸囚情状，得无辜者若干人。公不自以为功，密疏其事，以白堂官。后朝审，堂官摘其语，以讯诸囚，无不服者，释冤抑十余人。一时辇下咸颂尚书之明。公复禀曰："辇毂之下，尚多冤民，四海之广，兆民之众，岂无枉者？宜五年差一减刑官，核实而平反之。"尚书为奏，允其议。时公亦差减刑之列，梦一神告之曰："汝命无子，今减刑之议，深合天心，上帝赐汝三子，皆衣紫腰金。"是夕夫人有娠，后生应埙、应坤、应埈，皆显官。

嘉兴包凭，字信之，其父为池阳太守，生七子，凭最少，赘平湖袁氏，与吾父往来甚厚。博学高才，累举不第，留心二氏之学。一日东游泖湖，偶至一村寺中，见观音像淋漓露立，即解橐中得十金，授主僧，令修屋宇。僧告以功大银少，不能竣事。复取松布四疋，检箧中衣七件与之，内纻褶，系新置，其仆请已之。凭曰："但得圣像无恙，吾虽裸裎何伤？"僧垂泪曰："舍银及衣布，犹非难事。只此一点心，如何易得？"后功完，拉老父同游，宿寺中。公梦伽蓝来谢曰："汝子当享世禄矣。"后子汴，孙柽芳，皆登第，作显官。

嘉善支立之父，为刑房吏，有囚无辜陷重辟，意哀之，欲求其生。囚语其妻曰："支公嘉意，愧无以报。明日延之下乡，汝以身事之，彼或肯用意，则我可生也。"其妻泣而听命。及至，妻自出劝酒，具告以夫意。支不听，卒为尽力平反之。囚出狱，夫妻登门叩谢曰："公如此厚德，晚世所稀，今无子。吾有弱女，送为箕帚妾，此则礼之可通者。"支为备礼而纳之，生立，弱冠中魁，官至翰林孔目。立生高，高生禄，皆贡为学博。禄生大纶，登第。

凡此十条，所行不同，同归于善而已。若复精而言之，则善有真，有假；有端，有曲；有阴，有阳；有是，有非；有偏，有正；有半，有满；有大，有小；有难，有易。皆当深辨。为善而不穷理，则自谓行持，岂知造孽，枉费苦心，无益也。

何谓真假？昔有儒生数辈，谒中峰和尚，问曰：“佛氏论善恶报应，如影随形。今某人善，而子孙不兴；某人恶，而家门隆盛；佛说无稽矣。”中峰云：“凡情未涤，正眼未开，认善为恶，指恶为善，往往有之。不憾己之是非颠倒，而反怨天之报应有差乎？”众曰：“善恶何致相反？中峰令试言其状。一人谓詈人殴人是恶，敬人礼人是善。中峰云：“未必然也。”一人谓贪财妄取是恶，廉洁有守是善。中峰云：“未必然也。”众人历言其状，中峰皆谓不然。

因请问。中峰告之曰：有益于人，是善；有益于己，是恶。有益于人，则殴人、詈人皆善也；有益于己，则敬人、礼人皆恶也。

是故人之行善，利人者公，公则为真；利己者私，私则为假。又根心者真，袭迹者假；又无为而为者真，有为而为者假。皆当自考。

何谓端曲？今人见谨愿之士，类称为善而取之；圣人则宁取狂狷。至于谨愿之士，虽一乡皆好，而必以为德之贼。是世人之善恶，分明与圣人相反。推此一端，种种取舍，无有不谬。天地鬼神之福善祸淫，皆与圣人同是非，而不与世俗同取舍。凡欲积善，决不可徇耳目，惟从心源隐微处，默默洗涤。纯是济世之心，则为端；苟有一毫媚世之心，即为曲。纯是爱人之心，则为端；有一毫愤世之心，即为曲。纯是敬人之心，则为端；有一毫玩世之心，即为曲。皆当细辨。

何谓阴阳？凡为善而人知之，则为阳善；为善而人不知，则为阴德。阴德，天报之；阳善，享世名。名，亦福也。名者，造物所忌。世之享盛名而实不副者，多有奇祸；人之无过咎而横被恶名者，子孙往往骤发。阴阳之际微矣哉！

何谓是非？鲁国之法，鲁人有赎人臣妾于诸侯，皆受金于府。子贡赎人而不受金。孔子闻而恶之，曰："赐失之矣！夫圣人举事，可以移风易俗，而教道可施于百姓，非独适己之行也。今鲁国富者寡而贫者众，受金则为不廉，何以相赎乎？自今以后，不复赎人于诸侯矣。"

子路拯人于溺，其人谢之以牛，子路受之。孔子喜曰："自今鲁国多拯人于溺矣。"自俗眼观之，子贡不受金为优，子路之受牛为劣，孔子则取由而黜赐焉。乃知人之为善，不论现行而论流弊，不论一时而论久远，不论一身而论天下。现行虽善，而其流足以害人，则似善而实非也；现行虽不善，而其流足以济人，则非善而实是也。然此就一节论之耳。他如非义之义，非礼之礼，非信之信，非慈之慈，皆当抉择。

何谓偏正？昔吕文懿公，初辞相位，归故里，海内仰之，如泰山北斗。有一乡人，醉而詈之，吕公不动，谓其仆曰："醉者勿与较也。"闭门谢之。逾年，其人犯死刑入狱。吕公始悔之曰："使当时稍与计较，送公家责治，可以小惩而大戒。吾当时只欲存心于厚，不谓养成其恶，以至于此。"此以善心而行恶事者也。

又有以恶心而行善事者。如某家大富，值岁荒，穷民白昼抢粟于市。告之县，县不理，穷民愈肆。遂私执而困辱之，众始定。不然，几乱矣。故善者为正，恶者为偏，人皆知之。其以善心而行恶事者，正中偏也；以恶心而行善事者，偏中正也。不可不知也。

何谓半满？《易》曰："善不积，不足以成名；恶不积，不足以灭身。"《书》曰："商罪贯盈，如贮物于器。勤而积之，则满；懈而不积，则不满。"此一说也。

昔有某氏女入寺，欲施而无财，止有钱二文，捐而与之，主席者亲为忏悔。及后入宫富贵，携数千金入寺舍之，主僧惟令其徒回向而已。因问曰："吾前施钱二文，师亲为忏悔。今施数千金，而师不回向，何也？"曰："前者物虽薄，而施心甚真，非老僧亲忏，不足报德；今物虽厚，而施心不若前日之切，令人代忏足矣。"此千金为半，而二文为满也。

钟离授丹于吕祖，点铁为金，可以济世。吕问曰："终变否？"曰："五百年后，当复本质。"吕曰："如此则害五百年后人矣，吾不愿为也。"曰："修仙要积三千功行，汝此一言，三千功行已满矣。"此又一说也。

又为善而心不著善，则随所成就，皆得圆满。心著于善，虽终身勤励，止于半善而已。譬如以财济人，内不见己，外不见人，中不见所施之物，是谓三轮体空，是谓一心清净，则斗粟可以种无涯之福，一文可以消千劫之罪。倘此心未忘，虽黄金万镒，福不满也。此又一说也。

何谓大小？昔卫仲达为馆职，被摄至冥司，主者命吏呈善恶二录。比至，则恶录盈庭，其善录仅如箸而已。索秤称之，则盈庭者反轻，而如箸者反重。仲达曰："某年未四十，安得过恶如是多乎？"曰："一念不正即是，不待犯也。"因问轴中所书何事，曰："朝廷常兴大工，修三山石桥，君上疏谏之，此疏稿也。"仲达曰："某虽言，朝廷不从，于事无补，而能有如是之力？"曰："朝廷虽不从，君之一念，已在万民；向使听从，善力更大矣。"故志在天下国家，则善虽少而大；苟在一身，虽多亦小。

何谓难易？先儒谓克己须从难克处克将去。夫子论为仁，亦曰先难。必如江西舒翁，舍二年仅得之束脩，代偿官银，而全人夫妇；与邯郸张翁，舍十年所积之钱，代完赎银，而活人妻子。皆所谓难舍处能舍也。如镇江靳翁，虽年老无子，不忍以幼女为妾，而还之邻。此难忍处能忍也。故天降之福亦厚。凡有财有势者，其立德皆易，易而不为，是为自暴；贫贱作福皆难，难而能为，斯可贵耳。

随缘济众，其类至繁，约言其纲，大约有十：第一，与人为善；第二，爱敬存心；第三，成人之美；第四，劝人为善；第五，救人危急；第六，兴建大利；第七，舍财作福；第八，护持正法；第九，敬重尊长；第十，爱惜物命。

何谓与人为善？昔舜在雷泽，见渔者皆取深潭厚泽，而老弱则渔于急流浅滩之中，恻然哀之，往而渔焉。见争者皆匿其过而不谈，见有让者，则揄扬而取法之。期年，皆以深潭厚泽相让矣。夫以舜之明哲，岂不能出一言教众人哉？乃不以言教而以身转之，此良工苦心也。

吾辈处末世，勿以己之长而盖人，勿以己之善而形人，勿以己之多能而困人。收敛才智，若无若虚。见人过失，且涵容而掩覆之，一则令其可改，一则令其有所顾忌而不敢纵；见人有微长可取、小善可录，翻然舍己而从之，且为艳称而广述之。凡日用间，发一言，行一事，全不为自己起念，全是为物立则。此大人天下为公之度也。

何谓爱敬存心？君子与小人，就形迹观，常易相混，惟一点存心处，则善恶悬绝，判然如黑白之相反。故曰："君子所以异于人者，以其存心也。"君子所存之心，只是爱人敬人之心。盖人有亲疏贵贱，有智愚贤不肖，万品不齐，皆吾同胞，皆吾一体，孰非当敬爱者？爱敬众人，即是爱敬圣贤；能通众人之志，即是通圣贤之志。何者？圣贤之志，本欲斯世斯人，各得其所。吾合爱合敬，而安一世之人，即是为圣贤而安之也。

何谓成人之美？玉之在石，抵掷则瓦砾，追琢则圭璋。故凡见人行一善事，或其人志可取而资可进，皆须诱掖而成就之。或为之奖借，或为之维持，或为白其诬而分其谤，务使之成立而后已。

大抵人各恶其非类，乡人之善者少，不善者多。善人在俗，亦难自立。且豪杰铮铮，不甚修形迹，多易指摘。故善事常易败，而善人常得谤。惟仁人长者，匡直而辅翼之，其功德最宏。

何谓劝人为善？生为人类，孰无良心？世路役役，最易没溺。凡与人相处，当方便提撕，开其迷惑。譬犹长夜大梦，而令之一觉；譬犹久陷烦恼，而拔之清凉，为惠最溥。韩愈云：“一时劝人以口，百世劝人以书。”较之与人为善，虽有形迹，然对证发药，时有奇效，不可废也。失言失人，当反吾智。

何谓救人危急？患难颠沛，人所时有。偶一遇之，当如痌瘝之在身，速为解救。或以一言伸其屈抑，或以多方济其颠连。崔子曰：“惠不在大，赴人之急可也。”盖仁人之言哉。

何谓兴建大利？小而一乡之内，大而一邑之中，凡有利益，最宜兴建。或开渠导水；或筑堤防患；或修桥梁，以便行旅；或施茶饭，以济饥渴。随缘劝导，协力兴修，勿避嫌疑，勿辞劳怨。

何谓舍财作福？释门万行，以布施为先。所谓布施者，只是舍之一字耳。达者内舍六根，外舍六尘，一切所有，无不舍者。苟非能然，先从财上布施。世人以衣食为命，故财为最重。吾从而舍之，内以破吾之悭，外以济人之急。始而勉强，终则泰然，最可以荡涤私情，祛除执吝。

何谓护持正法？法者，万世生灵之眼目也。不有正法，何以参赞天地？何以裁成万物？何以脱尘离缚？何以经世出世？故凡见圣贤庙貌、经书典籍，皆当敬重而修饬之。至于举扬正法，上报佛恩，尤当勉励。

何谓敬重尊长？家之父兄，国之君长，与凡年高、德高、位高、识高者，皆当加意奉事。在家而奉侍父母，使深爱婉容，柔声下气，习以成性，便是和气格天之本。出而事君，行一事，毋谓君不知而自恣也；刑一人，毋谓君不知而作威也。事君如天，古人格论，此等处最关阴德。试看忠孝之家，子孙未有不绵远而昌盛者，切须慎之。

何谓爱惜物命？凡人之所以为人者，惟此恻隐之心而已。求仁者求此，积德者积此。《周礼》："孟春之月，牺牲毋用牝。"孟子谓："君子远庖厨。"所以全吾恻隐之心也。故前辈有四不食之戒，谓闻杀不食、见杀不食、自养者不食、专为我杀者不食。学者未能断肉，且当从此戒之。

渐渐增进，慈心愈长。不特杀生当戒，蠢动含灵，皆为物命。求丝煮茧，锄地杀虫，念衣食之由来，皆杀彼以自活。故暴殄之孽，当与杀生等。至于手所误伤、足所误践者，不知其几，皆当委曲防之。古诗云："爱鼠常留饭，怜蛾不点灯。"何其仁也！

善行无穷，不能殚述。由此十事而推广之，则万德可备矣。

谦德之效

《易》曰："天道亏盈而益谦，地道变盈而流谦，鬼神害盈而福谦，人道恶盈而好谦。"是故谦之一卦，六爻皆吉。《书》曰："满招损，谦受益。"余屡同诸公应试，每见寒士将达，必有一段谦光可掬。

辛未计偕，我嘉善同袍凡十人，惟丁敬宇宾年最少，极其谦虚。余告费锦坡曰：“此兄今年必第。”费曰：“何以见之？”余曰：“惟谦受福。兄看十人中，有恂恂款款，不敢先人，如敬宇者乎？有恭敬顺承，小心谦畏，如敬宇者乎？有受侮不答，闻谤不辩，如敬宇者乎？人能如此，即天地鬼神，犹将佑之，岂有不发者？”及开榜，丁果中式。

丁丑在京，与冯开之同处，见其虚己敛容，大变其幼年之习。李霁岩直谅益友，时面攻其非，但见其平怀顺受，未尝有一言相报。余告之曰：“福有福始，祸有祸先，此心果谦，天必相之，兄今年决第矣。”已而果然。

赵裕峰光远，山东冠县人，童年举于乡，久不第。其父为嘉善三尹，随之任。慕钱明吾，而执文见之。明吾悉抹其文，赵不惟不怒，且心服而速改焉。明年，遂登第。

壬辰岁，余入觐，晤夏建所，见其人气虚意下，谦光逼人，归而告友人曰：“凡天将发斯人也，未发其福，先发其慧。此慧一发，则浮者自实，肆者自敛。建所温良若此，天启之矣。”及开榜，果中式。

江阴张畏岩，积学工文，有声艺林。甲午，南京乡试，寓一寺中，揭晓无名，大骂试官，以为眯目。时有一道者，在旁微笑，张遽移怒道者。道者曰：“相公文必不佳。”张益怒，曰：“汝不见我文，乌知不佳？”道者曰：“闻作文，贵心气和平，今听公骂詈，不平甚矣，文安得工？”张不觉屈服，因就而请教焉。

道者曰：“中全要命，命不该中，文虽工，无益也。须自己做个转变。”张曰：“既是命，如何转变？”道者曰：“造命者天，立命者我。力行善事，广积阴德，何福不可求哉？”张曰：“我贫士，何能为？”道者曰：“善事阴功，皆由心造，常存此心，功德无量。且如谦虚一节，并不费钱，你如何不自反，而骂试官乎？”

张由此折节自持，善日加修，德日加厚。丁酉，梦至一高房，得试录一册，中多缺行。问旁人，曰：“此今科试录。”问：“何多缺名？”曰：“科第阴间三年一考较，须积德无咎者，方有名。如前所缺，皆系旧该中式，因新有薄行而去之者也。”后指一行云：“汝三年来，持身颇慎，或当补此，幸自爱。”是科果中一百五名。

由此观之，举头三尺，决有神明；趋吉避凶，断然由我。须使我存心制行，毫不得罪于天地鬼神，而虚心屈己，使天地鬼神时时怜我，方有受福之基。彼气盈者，必非远器，纵发，亦无受用。稍有识见之士，必不忍自狭其量，而自拒其福也。况谦则受教有地，而取善无穷，尤修业者所必不可少者也。

古语云：“有志于功名者，必得功名；有志于富贵者，必得富贵。”人之有志，如树之有根，立定此志，须念念谦虚，尘尘方便，自然感动天地，而造福由我。今之求登科第者，初未尝有真志，不过一时意兴耳。兴到则求，兴阑则止。孟子曰：“王之好乐甚，齐其庶几乎？”余于科名亦然。

须知善为

1=♭B 4/4
♩=68

吴知 词
王瑞 曲

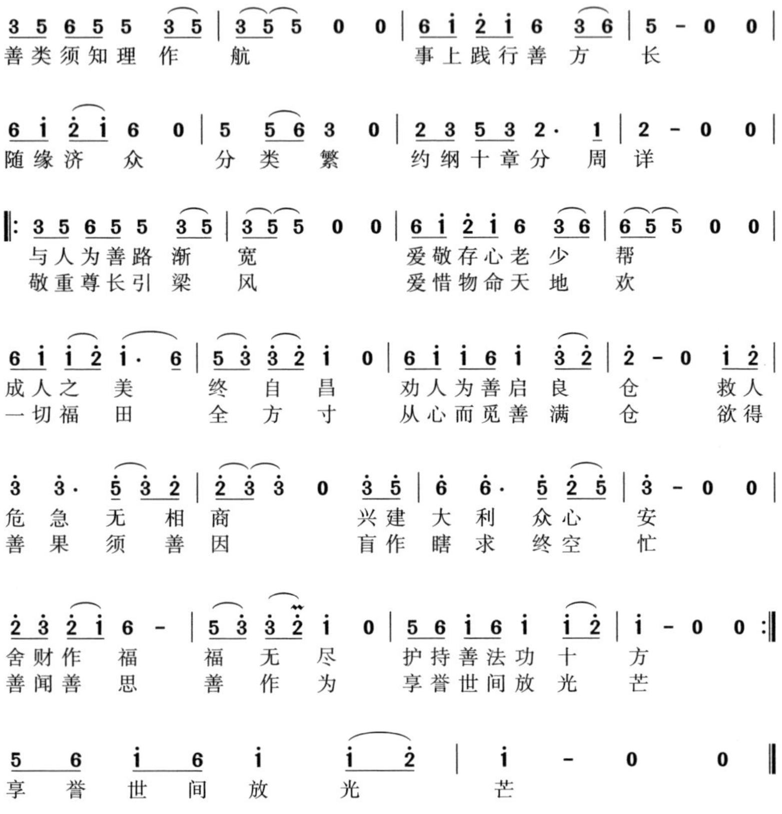

歌曲《须知善为》

日见高升
了风家风
让您生活越来越轻松
吴知